首饰镶嵌工艺基础

SHOUSHI XIANGQIAN GONGYI JICHU

任 伟 周 怡 编著

图书在版编目(CIP)数据

首饰镶嵌工艺基础/任伟,周怡编著. —武汉:中国地质大学出版社,2022.4
ISBN 978-7-5625-5239-0

Ⅰ.①首…
Ⅱ.①任… ②周…
Ⅲ.①首饰-制作-教材
Ⅳ.①TS934.3

中国版本图书馆 CIP 数据核字(2022)第 051788 号

首饰镶嵌工艺基础			任 伟 周 怡 编著
责任编辑:张玉洁	选题策划:张 琰 张玉洁		责任校对:何澍语
出版发行:中国地质大学出版社(武汉市洪山区鲁磨路388号)			邮政编码:430074
电　　话:(027)67883511	传　　真:(027)67883580		E-mail:cbb@cug.edu.cn
经　　销:全国新华书店			http://cugp.cug.edu.cn
开本:787 毫米×1092 毫米 1/16		字数:274 千字	印张:13.5
版次:2022 年 4 月第 1 版		印次:2022 年 4 月第 1 次印刷	
印刷:武汉中远印务有限公司			
ISBN 978-7-5625-5239-0			定价:68.00 元

如有印装质量问题请与印刷厂联系调换

随着大众生活水平及文化素养的提高,人们对珠宝首饰的需求不断增强。近年来,各类高校,包括综合性大学、美术院校等,纷纷设立珠宝首饰相关专业。在第44、45届世界技能大赛的珠宝首饰加工项目中,我国选手取得了优异的成绩,这进一步加强了对珠宝首饰相关专业的宣传,更激励着高校在首饰制作工艺教学方面继续发力。2022年初,教育部发布《关于公布2021年度普通高等学校本科专业备案和审批结果的通知》,指出"珠宝首饰设计与工艺"专业成为31个新设本科专业之一,划归在艺术学-设计学类。新专业的设立,不仅为珠宝首饰教育行业提供了广阔的发展前景,也对人才培养、专业建设及大众知识普及等方面,提出了更高的要求。

我国首饰镶嵌行业起步较晚,现阶段工艺人才的培养大多依赖于行业师傅的口传心授,少有综合性的文本可参考;教学中可用的镶嵌工艺教材,也多为外文资料。我的硕士研究生导师,中国地质大学(北京)珠宝学院的周怡副教授,多年来一直致力于首饰制作工艺与文化方向的研究和教学,我也深受影响。2016年6月我们合作完成《首饰制作基础教程》后,就开始整理首饰镶嵌方面的资料,并结合教学实践不断完善内容。作为上一本教材的延续,本教材同样结合企业生产流程及职业院校学生的学习特点,将材料性质与镶嵌工艺进行了整合,并对工艺过程进行详细讲解,通过照片、示意图等方式展示每一个关键步骤,力求清晰明了。为适应现代网络教学的特点,便于读者的实践学习,教材中部分操作配备有视频,可以通过扫描文中二维码来获取。

教材内容主要分为以下三部分。

第一部分(第1~3章):主要为首饰镶嵌工艺理论基础,包括首饰镶嵌的含义、首饰镶嵌中的金属材料和宝石材料等内容,为读者介绍首饰镶嵌的原理、材料性能、工艺发展脉络以及需注意的问题。

第二部分(第4~7章):介绍首饰镶嵌的工具、首饰镶嵌的结构以及镶嵌的工艺方法。为读者介绍各种工具的名称、应用方法,以案例的形式讲解爪镶、包镶、珠镶、壁镶、轨道镶等多种镶嵌方法,其中穿插制作的技巧及注意事项,以清晰、详细的步骤为读者展示镶嵌首饰的制作过程。

第三部分(第8章及附录):强调首饰镶嵌过程中的质量要求及镶嵌过程中需注意的问题。附录中为读者整理了镶嵌时使用的对正工具、常见宝石的工艺性能,并展示了部分优秀的首饰镶嵌作品。

  本教材可以作为大专院校、培训机构相关课程的教材,也可以作为手工艺爱好者的自学参考资料。需要指出的是,镶嵌类型的名称可能会因为地区或习惯不同而存在一些差异。另外,在现阶段首饰制作工艺中,以 3D 打印为代表的计算机起版逐渐成为主流趋势,但本教材仍以手工制作为主要讲解内容,主要基于以下两点考虑。首先,手工制作是了解首饰工艺的基础,学生或爱好者可以通过动手制作掌握首饰的结构及饰品的成型过程,强化对首饰体积、造型的感知。手工制作中的造型感知同样也有利于后期计算机起版及自动化生产中的学习。其次,手工制作的学习不仅有助于提升学生的职业技能,同时在培养学生的成就感、陶冶学生的情操方面具有重要的作用。

  在教材编写过程中,我们尽心制作每一件首饰,精心拍摄每一张照片,并绘制示意图,花费了大量的时间,但因自身能力有限,难免会有不足之处,恳请广大同仁及读者予以指正。

任 伟
2022 年 3 月

目 录

第 1 章　首饰镶嵌概述 ………………………………………………………………… (1)

1.1　首饰镶嵌的含义 ………………………………………………………………… (1)
1.2　首饰镶嵌的分类 ………………………………………………………………… (3)
1.3　首饰镶嵌的基本步骤 …………………………………………………………… (5)
1.4　首饰镶嵌的作用 ………………………………………………………………… (8)

第 2 章　首饰镶嵌中的金属材料 ……………………………………………………… (9)

2.1　金属材料的基本特征 …………………………………………………………… (9)
2.2　金属材料的工艺性能 …………………………………………………………… (11)
2.3　金属材料的种类 ………………………………………………………………… (16)

第 3 章　首饰镶嵌中的宝石材料 ……………………………………………………… (21)

3.1　宝石的基本特征 ………………………………………………………………… (22)
3.2　宝石的工艺性能 ………………………………………………………………… (23)
3.3　基于工艺性能的宝石分类 ……………………………………………………… (28)
3.4　宝石的琢型与首饰镶嵌 ………………………………………………………… (30)

第 4 章　首饰镶嵌的工具设备 ………………………………………………………… (38)

4.1　首饰镶嵌工作台 ………………………………………………………………… (38)
4.2　吊机及配套针具 ………………………………………………………………… (39)
4.3　雕刻工具及设备 ………………………………………………………………… (42)
4.4　焊接及辅助设备 ………………………………………………………………… (47)
4.5　夹持及支撑工具 ………………………………………………………………… (48)

4.6 放大设备 ……………………………………………………………………… (50)
4.7 镶嵌及装饰工具 ………………………………………………………………… (51)
4.8 度量工具 ………………………………………………………………………… (54)

第5章 常见首饰镶嵌类型及特点 …………………………………………… (56)

5.1 爪镶 ……………………………………………………………………………… (56)
5.2 包镶 ……………………………………………………………………………… (59)
5.3 珠镶 ……………………………………………………………………………… (62)
5.4 壁镶、轨道镶 …………………………………………………………………… (64)
5.5 钉镶 ……………………………………………………………………………… (67)
5.6 抹镶、管镶 ……………………………………………………………………… (69)
5.7 隐秘镶 …………………………………………………………………………… (69)
5.8 其他镶嵌方式 …………………………………………………………………… (71)

第6章 镶嵌结构的制作及镶嵌方法 ………………………………………… (74)

6.1 爪镶 ……………………………………………………………………………… (74)
6.2 包镶 ……………………………………………………………………………… (92)
6.3 珠镶 ……………………………………………………………………………… (105)
6.4 壁镶、轨道镶 …………………………………………………………………… (108)
6.5 钉镶 ……………………………………………………………………………… (112)
6.6 抹镶、管镶 ……………………………………………………………………… (131)
6.7 隐秘镶 …………………………………………………………………………… (138)

第7章 镶嵌首饰的制作 ……………………………………………………… (142)

7.1 爪镶饰品的制作 ………………………………………………………………… (142)
7.2 包镶饰品的制作 ………………………………………………………………… (154)
7.3 壁镶、轨道镶饰品的制作 ……………………………………………………… (161)
7.4 钉镶饰品的制作 ………………………………………………………………… (168)
7.5 珠镶饰品的制作 ………………………………………………………………… (177)
7.6 抹镶与管镶饰品的制作 ………………………………………………………… (180)
7.7 玉石吊坠的制作 ………………………………………………………………… (188)

第8章 首饰镶嵌的质量要求及对宝石视觉效果的改善 （191）

8.1 宝石的镶嵌质量要求及镶嵌结构的质量要求 （191）
8.2 镶嵌操作中对宝石的保护 （193）
8.3 首饰镶嵌对宝石视觉效果的改善 （194）

附录1 镶嵌结构及圆周等分对照图 （196）

附录2 常见宝石的工艺性能 （197）

附录3 镶嵌作品展示 （199）

第1章 首饰镶嵌概述

宝石材料和金属材料都是大自然赠予人类的珍贵礼物。远古时期,人们就开始将这两种材料结合起来制作成各种不同类型的装饰品,于是首饰的镶嵌工艺与首饰制作工艺一起经历了从简单到复杂、从单一到多样的发展历程。在这一过程中,宝石及金属加工工艺的不断变革推动了首饰镶嵌技术的持续发展。从远古时期的串珠饰品到古典的包边镶嵌首饰,再到现代的六爪镶嵌、轨道镶嵌首饰,它们既是制作者情感的表达,也是时代特征的展现。尤其在现代,首饰镶嵌工艺已成为首饰加工制作中不可或缺的点睛之笔。首饰镶嵌工艺融合了多种加工技能,它将宝石组合在金属首饰中,不仅可以增强首饰的艺术效果,而且能够提升首饰的综合价值和独特魅力。

1.1 首饰镶嵌的含义

镶嵌是将一种材料嵌入另一种材料的内部,或将几种材料拼接、固定在一起的工艺方法,即将不同的材料如木质材料、金属材料及宝石材料进行相互嵌错的工艺。在我国早期出土的青铜器中,部分就镶嵌着绿松石(图1-1)。除此之外,錾(jiǎn)金工艺*(图1-2)、宝石细木镶嵌工艺(图1-3)、错金工艺(图1-4),以及传统木工中的螺钿工艺都是不同材料的镶嵌工艺,对这些工艺的组合使用可以使饰品呈现出更加丰富的装饰层次。

首饰镶嵌是根据宝石样式设计制作出镶嵌结构并将宝石固定后组成饰品的工艺过程,即将一颗或多颗宝石固定在金属底座上,使之能够与金属紧密结合的一种工艺方法。首饰

---

*錾金工艺:指在铁器表面装饰金、银花纹的一种工艺方法。

图1-1 镶嵌绿松石的青铜器

图1-2 伊朗鋄金工艺

图1-3 宝石细木镶嵌工艺

图1-4 錾刻饰品中的错金工艺

镶嵌的过程包括镶嵌结构的成型、宝石镶嵌及镶嵌结构的后期处理这三个重要步骤,通常情况下,贵金属与宝石的结合方式是首饰镶嵌的核心内容。

在镶嵌过程中,主要是通过挤压和敲击质地相对较软的金属使之变形,从而将宝石固定在特定的结构上。固定宝石的金属结构通常称为镶嵌结构,即行业内所说的"镶口"。在珠宝首饰中,各种镶嵌结构承载着不同类型的宝石,光线通过宝石的折射、反射作用,幻化出各种缤纷的色彩,这些色彩又与金属的光泽交相辉映,使得首饰的魅力得以充分展现(图1-5)。

图1-5 各种镶嵌首饰

1.2 首饰镶嵌的分类

随着首饰制作工艺的发展和镶嵌技术的进步,各种镶嵌方法也不断发展、变化。根据镶嵌结构、宝石数量的不同,可将首饰镶嵌作如下分类。

1. 根据镶嵌结构分类

根据宝石卡夹或者承托方式的不同,首饰镶嵌可分为爪镶、包镶、轨道镶、壁镶、珠镶等。每种镶嵌方式都有不同的镶嵌结构:爪镶通过镶爪固定宝石;包镶、壁镶、轨道镶使用金属边固定宝石;珠镶则是将宝石粘在金属镶针上,或者将金属丝穿入镶孔后再使露出的金属变形,从而固定宝石。

2. 根据宝石数量分类

根据镶嵌宝石数量的多少,首饰镶嵌可分为单石镶嵌与群镶。单石镶嵌是指将单颗宝石镶嵌在首饰上的工艺方法,适合大颗粒的宝石。群镶是将多颗宝石同时镶嵌在首饰中的工艺方法,适合小颗粒的宝石,通常宝石被成片镶嵌在一起,形成密集的图案或者渐变效果。有时也根据主题需要将大小不同的宝石镶嵌在一起,这种情况下,处于中心位置的大宝石称为主石,而其他小宝石称为配石,起到衬托主石的作用。

除此之外,镶嵌结构的成型方式也会使各种镶嵌类型呈现出不同的工艺特色。根据成型方式的不同,镶嵌结构可分为铸造镶口(图1-6)、拼焊镶口(图1-7、图1-8)及雕刻镶口(图1-9)等。

铸造镶口是利用失蜡铸造工艺流程生产镶嵌结构。铸造镶口的蜡模有几种不同的获得途径:一是使用雕蜡工艺制作蜡模,其特点是造型灵活多变,能够适用于形态不规则的宝石,如翡翠、珊瑚、异型珍珠等材料;二是通过橡胶模复制蜡模,在工业生产中能够以较低的成本批量生产同种规格的镶口;三是结合3D打印技术制作蜡模,应用这种工艺可以获得高精度的镶口。

拼焊镶口是将制作好的金属部件经过组合焊接而制成的镶嵌结构,它适合大颗粒宝石的镶嵌,也是首饰手工起版的重要内容。

雕刻镶口是使用锉、锯及各种刻刀直接在金属上雕刻而得到的镶嵌结构,适合小颗粒的配石镶嵌。微钉镶嵌中的铲边钉镶、虎口钉镶也属于雕刻镶口。

图1-6 铸造镶口

图1-7 多石拼焊镶口

图1-8 单石拼焊镶口

图1-9 雕刻镶口

1.3 首饰镶嵌的基本步骤

在首饰镶嵌的工艺过程中,既要将宝石完全固定,又要符合首饰的整体设计风格,使宝石得到完美的展现。综合各种镶嵌方式的特点,将镶嵌步骤归纳如下。

1. 观察分析待镶嵌的宝石

对宝石进行称重、测量后,分析宝石的种类、琢型、物理化学性质、有无缺损等,了解宝石的整体情况(图1-10)。要仔细检查宝石表面与内部的裂纹、解理以及包裹体特征,以保证安全、牢固地完成镶嵌工作。

图1-10 观察并分析待镶嵌的宝石

2. 设计款式,制作镶嵌结构

根据宝石的特点及分析结果确定制作方案、镶嵌方式、加工流程以及需使用的金属材料。按照设计方案制作出首饰部件、宝石镶嵌结构,并使之达到完美统一。传统的首饰制作工艺通过锻造、拼焊或者失蜡铸造的方式制作出首饰造型和镶嵌结构,本书以此为基础精细讲解首饰及镶嵌结构的制作方法,以便于读者理解。而在现代首饰生产中更注重通过多种工艺的结合来提高生产效率(图1-11),很多设计工作由计算机来完成,即行业内所说的计算机起版。使用这种方式制作的首饰及镶嵌结构精确度更高,更适合重复造型的群镶设计,即使是异型的宝石也可以通过三维扫描的方式将造型数据输入计算机,然后再设计其镶嵌及装饰结构。

3. 摆石定位

将宝石放入制作好的镶嵌结构中,检查宝石和镶嵌结构是否匹配,并确定镶嵌位置(图1-12)。及时使用车针等工具对宝石镶嵌的位置进行调整,宝石镶嵌的位置即通常所说的镶石位或石位。调整镶石位包括清理内表面以及在镶爪、镶边上车制固定宝石腰棱的凹槽等工作(图1-13)。镶石位要与宝石完美地契合,这是镶嵌结构牢固美观的保证。

图1-11　计算机设计出镶嵌结构,再手工拼焊组合

 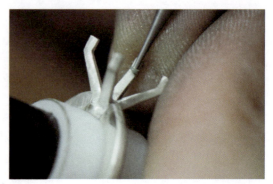

图1-12　检查宝石与镶嵌结构的匹配度　　图1-13　使用车针调整镶石位并车制凹槽

4. 入石镶嵌

将宝石完全放入镶石位中并压实,确保宝石平整、周正后开始镶嵌。通过挤压、弯折金属结构将整颗宝石固定住(图1-14、图1-15)。较复杂的镶嵌可以使用火漆进行固定,以便于多颗宝石的同时镶嵌。入石的时候可以适当在宝石上涂抹一些胶泥,防止镶嵌过程中因震动造成宝石位置的偏移,镶嵌完成后再将胶泥清洗干净即可。

5. 修饰打磨

将镶嵌好的饰品进行打磨、修整(图1-16、图1-17),然后通过抛光、电镀等工序进行修饰,直到整件成品完成。要注意的是,对于稳定和相对稳定的宝石(相关定义参见P28~29),可以适当进行带石操作;而对于裂纹较多或不稳定的宝石,如欧泊、绿松石、珍珠等材料,不能带石进行电镀、抛光,所以加工工序要进行相应调整,可以先将金属抛光、电镀后再镶嵌宝石。

图 1-14 用镶石錾敲击镶爪

图 1-15 用钳子弯折镶爪

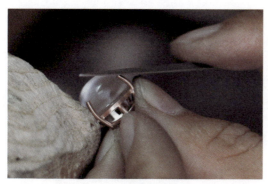

图 1-16 用锉刀修整镶爪

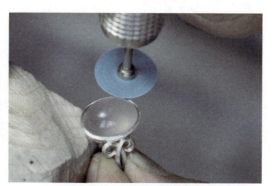

图 1-17 用砂纸片打磨镶边

6. 成品完成

检查镶嵌好的宝石是否牢固、平稳,将完成的首饰进行最后清洗。总体称重,计算出用金量、成本,并将成品包装(图 1-18)。

图 1-18 成品完成

1.4 首饰镶嵌的作用

(1) 方便佩戴,保护宝石。玉石及少数宝石可以直接加工成戒指、手镯等饰物,但其他宝石均需要镶嵌后才能进行佩戴。镶嵌为宝石提供了可靠的功能性结构,如吊坠的瓜子扣、戒指的戒圈以及胸针的背针等,这些结构使镶嵌饰品能够稳定地附着在人体或衣物上,减少坠落、外力击打等对宝石所造成的破坏。

(2) 美化、装饰宝石。首饰的镶嵌工艺不仅能为宝石提供功能性的佩戴结构,而且使用金属制作的各种造型结构装饰、烘托了宝石本身,使得宝石的颜色、光泽、透明度等多种物理特性得到尽情的展示。

(3) 首饰镶嵌可以使多种颜色、多种类型的宝石汇集在一件首饰中。不同种类、不同尺寸的宝石可以同时被固定在同一件首饰上,体现出材质的丰富性以及不同风格的设计理念(图1-19)。

(4) 天然宝石经常会有各种缺陷,从某些方面来说,镶嵌也可以改善宝石的外观并隐藏一些宝石自身的缺陷(图1-20)。在镶嵌过程中,可以将有瑕疵的部分隐藏在镶爪或者其他装饰结构内部,以达到美化宝石的目的。

图1-19 通过镶嵌实现宝石组合

图1-20 通过镶嵌遮挡宝石裂痕

第 2 章

首饰镶嵌中的金属材料

2.1 金属材料的基本特征

在首饰镶嵌过程中,金属是承托、固定宝石的基础载体。金属材料的性质决定了首饰的镶嵌方式及加工方法。在首饰镶嵌过程中,需要根据宝石的品种、加工成本以及设计方案选择所使用金属的种类。综合各种原因,用于首饰镶嵌的金属材料必须拥有璀璨华丽的外观、稳定的物理化学性质,并具有一定的市场价值。

1. 璀璨华丽的外观

金属材料具有特殊的光泽,一直备受青睐,尤其是贵金属材料,直到如今仍然是制作珠宝首饰的首选材料(图 2-1)。从人类早期的礼仪饰品到宗教饰品,贵金属材料代表的是崇高、纯洁乃至神圣,它具有璀璨的光泽,是人类不断探寻的目标。首饰镶嵌中的金属材料不仅能够固定各种宝石,也能够通过抛光、喷砂、电镀、车花等处理方式,来增强首饰的装饰效果。镶嵌那些透明度高、色彩亮丽的宝石,如钻石、红蓝宝石等材料时,大都将金属材料进行

图 2-1 璀璨亮丽的贵金属首饰

高抛光,有时还会再使用电镀的方式来增强金属的反光能力,以最大限度地突出宝石的物理特征,增强首饰的整体视觉效果。在一些民族风格的银饰中,还会使用做旧的方法增加宝石的文化内涵,丰富饰品的装饰层次。

2. 稳定的物理化学性质

在物理性质方面,首饰镶嵌中使用的金属材料需要具有良好的工艺性能,既适应现代首饰生产的工艺流程,便于加工制作,又能够保证与宝石结合的牢固性,在佩戴过程中不容易损坏、变形。在化学性质方面,金属材料必须能够在较长时间内保持性质稳定,并且光泽亮丽。

3. 具有一定的市场价值

首饰及其组成材料的价值可以是自然赋予的,如贵金属的稀有属性和璀璨的光泽,也可以是科技或者文化赋予的,如钛、铝等材料在经过氧化处理后可以呈现出特殊的色彩,再搭配各种色彩的宝石就可以表达丰富的艺术主题。即使是铜、铁等一些相对廉价的材料,虽然它们并不作为珠宝首饰的首选用材,但偶尔也会集中出现在一些特殊历史时期的饰品中(图 2-2)。

图 2-2 德国普福尔茨海姆首饰博物馆中的铁首饰

在现代,这些材料在艺术家的创作中同样能够诠释现代设计理念,尤其是在新型技术不断涌现的背景下,很多材料都能够以新颖的外观展现出来,成为彰显设计特色的市场新秀。

2.2 金属材料的工艺性能

金属的工艺性能是指金属材料对不同加工工艺方法的适应能力。在首饰镶嵌过程中,各种金属材料需要在经过锻打、铸造、弯折、焊接、抛光等工序之后仍然具备良好的外观状态,并且能够用于固定宝石材料。通常情况下,金属材料的工艺性能受材料的机械性能和化学性能两个方面的影响。

2.2.1 金属材料的机械性能

机械性能是指金属材料在载荷作用下抵抗破坏的性能。在首饰镶嵌过程中,对于金属的机械性能,主要关注它在硬度、弹性、韧性等方面的特征。

1. 硬度

硬度是指金属材料抵抗物质压入的能力。金属的硬度直接影响了金属的耐磨性以及其他工艺性能。在自然状态下,纯净的贵金属硬度非常小,不适合直接镶嵌宝石。为使这些贵金属能够适用于镶嵌工艺,工匠们在贵金属中添加其他物理化学性质相近的金属并使之熔融成合金材料,以增大其硬度,保证首饰在正常佩戴过程中能够更长时间地保持光亮的效果(图2-3)。镶嵌使用的合金材料,其硬度对比大致如下:Pt950>白色18K金>玫瑰色18K金>黄色18K金>925银。

图2-3 合金材料在饰品中的应用

2. 弹性

弹性是指金属受外力作用时产生变形,当外力去掉后能够恢复原来形状的性能。弹性与金属的硬度、贵金属合金的配比密切相关。镶嵌使用的金属,其弹性强度对比大致如下:白色18K金＞Pt950＞玫瑰色18K金＞黄色18K金＞925银。

需要注意的是,合金材料的加工工艺会影响材料的硬度和弹性,例如通过锻造工艺处理的金属,其硬度和弹性通常要优于通过铸造成型以及3D打印方式成型的金属材料。同时,各种合金配比的不同也会影响材料的硬度和弹性,因此有些白色18K金的硬度和弹性会优于Pt950等铂金的合金材料。

在首饰镶嵌过程中,需要着重考虑金属硬度和弹性。对于性质相对稳定的宝石而言,可以选择硬度较高的金属作镶嵌材料,如镶嵌钻石、红蓝宝石时,可以选用硬度和弹性稍大的铂金合金、白色18K金。相反,对于那些物理性质较差的宝石,尤其是锂辉石、欧泊、绿松石等结构脆弱的宝石而言,镶嵌时要选择硬度和弹性较小的金属,或者在镶嵌过程中将镶爪、镶边等结构相应地减少或做薄,并且在镶嵌操作时要格外注意,避免宝石因过度受力而造成的损伤。

3. 韧性

韧性是指金属在塑型时抵抗断裂的能力。金属的韧性越好,加工时发生断裂的可能性越小。通常情况下,纯净金属的韧性要优于合金材料,经锻造工艺处理的金属韧性优于铸造金属材料。但总体来说,贵金属及其合金材料的韧性都完全符合现代首饰镶嵌工艺的要求,同时现代科技手段的应用也极大地缩小了各种材料的差距,因此在镶嵌制作过程中仅需要注意工艺流程中的操作问题。一方面,金属尤其是合金材料在高温情况下韧性会变差,因此退火及焊接时不要使金属过度受力;另一方面,镶嵌操作应尽量一次到位,不要反复弯折金属结构,防止金属发生断裂(图2-4)。

图2-4 焊接、镶嵌等操作过程中镶爪过度受力会发生断裂

2.2.2　金属材料的化学稳定性

金属的化学稳定性指金属材料在常温及高温条件下抵抗各种化学作用的能力。在镶嵌首饰中,金属的化学稳定性主要是指金属在加工和日常佩戴过程中抵抗腐蚀和氧化,保持光亮,经久不变色的能力。

贵金属材料稳定的化学性质是经过历史验证的——古代的黄金饰品即使埋藏数千年,出土之后仍然光亮如新。纯净的贵金属抗腐蚀能力最强,其次是贵金属的合金材料。在现代首饰中,金属结构以贵金属的合金材料为主。合金材料在高温状态表面会有氧化现象,所以在焊接过程中要注意保护,尽量减少焊接次数,并使用硼酸等材料降低氧化的程度,以减少打磨和抛光工序中贵金属的损耗。

对于现代首饰中应用的其他金属如铜、锌等合金材料来说,其物理化学性质与贵金属材料差距较大,通常情况下难以长时间地保持光亮的外观。因此,大都要在其表面电镀一层贵金属材料以获得更好的装饰效果。即使是性质相对稳定的银质饰品,也经常在其表面电镀一层铑来增强饰品的亮度和耐磨性能。

2.2.3　金属材料需适应的工艺类型

首饰镶嵌工艺中需要使用金属制作出各种镶嵌结构,因此金属材料除须经受基本的打磨、抛光等操作之外,还需要适应系统的工艺制作流程。现阶段首饰制作的主要工艺流程有以下几类。

1. 锻造工艺

锻造工艺是对金属坯件施加压力使之产生塑性变形,从而获得所需形状金属坯件的工艺过程。在首饰加工工艺中,它包括对金属的锻打、拉伸、压片、拉丝等工序。锻造工艺可以使金属结构更紧密,制成的金属坯件相对细腻(图2-5)。在镶嵌饰品中,由锻造工艺生产的饰品在光亮度、韧性、耐磨程度方面大都优于铸造饰品,但在制作过程中需要配合焊接等工艺,生产流程较长,生产成本也相对较高。

2. 铸造工艺

铸造工艺是将熔化的金属熔液倒入模具,待其冷却凝固后成型的工艺方法。铸造工艺成本低、成型迅速,尤其适用于批量生产,所以铸造工艺逐渐发展成饰品量产的主流工艺。在实际生产中,铸造工艺甚至可以与蜡镶工艺相结合,在完成金属铸造的同时,将宝石固定在金属坯件上,即在金属成型的同时完成宝石的镶嵌。另外,很多通过3D打印技术制作的蜡模或树脂模型也应用铸造工艺转化为金属坯件(图2-6)。铸造工艺满足了快速生产的需求,但是其金属坯件的整体性能与锻造坯件仍有一些细微的差距,如铸造坯件有时会有气

首饰镶嵌工艺基础

图 2-5　通过锻造工艺打制手镯、银壶的坯件

孔、砂眼、裂痕等缺陷(图 2-7)。另外,由于在配置合金时加入了便于金属熔液流动的金属配方,金属坯件的韧性相对略差,因此在执模及镶嵌时要注意及时修补缺陷,镶嵌时车石位也不宜过深,防止弯折时发生断裂,更不能反复弯折。

图 2-6　3D 打印蜡版后铸造的金属坯件　　图 2-7　铸造饰品中会有一些细微的砂眼

3. 焊接工艺

焊接工艺是在高温条件下,通过熔化焊料将金属部件及结构连接在一起的工艺方法。通过焊接工艺能组合出更加精细的装饰结构。在首饰镶嵌工艺中,通常是先根据宝石的特征、尺寸制作出金属镶嵌结构,之后再进行宝石镶嵌,但有时为呈现更加复杂的装饰结构,需要将已经镶嵌宝石的结构带石焊接(图 2-8),这就对金属和宝石都提出了更高的要求——一方面,大多数宝石无法承受焊接时的高温,仅有少数宝石如红蓝宝石、钻石、合成立方氧化锆等可以承受一定程度的高温考验;另一方面,金属在焊接过程中也不能有明显的氧化痕迹,更不能产生大幅度的变形。因此,带石焊接主要用于 K 金首饰,且大都用于配石结构的焊接。操作中镶嵌的宝石不能有裂纹,同时也要尽量缩短焊接时间。

图 2-8　带石焊接

4. 3D 打印

3D 打印是通过计算机建模，然后配合快速成型终端实现生产的智能化生产工艺。在镶嵌首饰中，3D 打印技术的应用使得镶嵌结构更加精确（图 2-9）。现阶段绝大多数镶嵌首饰生产过程中都应用了 3D 打印技术，企业先通过 3D 打印获得蜡模（ProJet 技术）及树脂模（DLP/SLA 技术），再结合失蜡铸造工艺完成饰品生产，高效的生产满足了市场的基本需求。基于成本和技术成熟度的原因，直接应用金属烧结成型（SLS 技术）的 3D 打印技术仍处在实验和初步尝试阶段，并未在首饰行业中得到广泛的推广应用。虽然现阶段仅有少数金属如钛、纯金及部分 K 金材料适应这种技术的要求，但在"互联网＋"理念的影响下，这项技术潜力巨大，在不久的将来，模拟造型、CNC 金属加工、金属 3D 打印、自动镶嵌等智能技术的有机融合将会革命性地改变首饰镶嵌产业，届时生产效率会大大提高，首饰的应用材料及造型也会更加丰富多彩。

图 2-9　3D 打印的树脂模型

2.3 金属材料的种类

传统珠宝首饰中使用的材料是黄金、白银等贵金属,而且经常是纯净的贵金属。这些金属硬度较小,难以镶嵌宝石,因此现阶段在镶嵌首饰中主要应用的是贵金属的合金。合金是贵金属和其他金属熔融而成的金属,与纯净的贵金属相比,合金在镶嵌饰品中更具优势,主要表现在以下几个方面。

(1)在贵金属中增加特定的金属材料可以获得更高的硬度。黄金、铂金、白银都可以配置成合金来增加硬度。有些白色K金的硬度甚至能够超过铂金,从而制作出坚硬、表面耐磨、抛光度高的金属饰品。使用贵金属合金制作的镶嵌结构不易变形,可以与宝石组合得更加牢固。在宝石镶嵌过程中,也可以根据宝石的特点选择不同硬度的贵金属合金。

(2)合金材料可以增加贵金属的品类。例如在黄金中添加不同的金属可以配置成不同颜色、不同纯度的合金,可以根据宝石的颜色选择不同色泽的合金材料,也可以将不同颜色的合金材料进行组合,制作成多彩的饰品(图2-10)。

(3)配置合金可以降低成本。相对优惠的价格可以使饰品得到更好的推广,尤其是18K金以及其他低K数K金使得饰品市场更加丰富。随着新技术的应用,很多贵金属合金的饰品变得更轻、更薄,不断满足了首饰多元化的需求。

(4)合金材料具有更好的工艺性能。现阶段铸造工艺是首饰量产的主流加工工艺,在铸造工艺中,合金的熔点一般都低于纯金属熔点,流动性更好,不仅可以节约能源还可以获得质量更好的铸件。

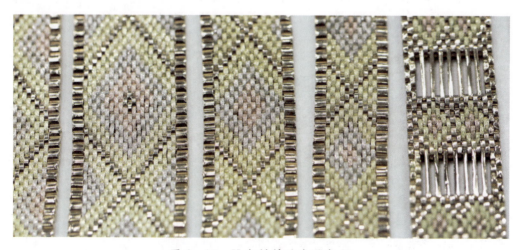

图2-10 K金材料的多种色彩

因此,贵金属合金的种类丰富,各自具有不同的特色,在镶嵌过程中可以根据成本及设计需要自由选择。有时为突出饰品的创意理念和实用性,在镶嵌中也会使用其他金属。

2.3.1　黄金及其合金

黄金饰品在各大历史文明古国的文化中都扮演着重要的角色,从人们顶礼膜拜的圣物到日常佩戴的小饰品中都能见到黄金的身影。早期的镶嵌首饰经常使用纯金,但由于纯金的硬度较小,很多流传下来的饰品都有宝石缺失的问题。为了改善金属的镶嵌性能,19世纪前后,欧洲工匠们开始使用合金材料,并且改善了镶嵌结构,将镶嵌宝石的金属底座镂空,使光线可以进入宝石,同时减少贵金属的使用量。镶嵌技术的改进推动了材料方面的革新,K金材料获得了适合的应用空间,因此19世纪30年代后使用K金材料镶嵌的首饰得到迅速发展。

在镶嵌首饰中,黄金的合金称为K金,其种类非常丰富。在我国,常用的K金类型有22K、18K、14K等,其纯金含量分别为91.6%、75.0%、58.5%。在黄金中加入其他金属又可以使K金呈现不同的颜色,常用的K金颜色有黄色、白色、玫瑰色,即业内常说的K黄、K白、K红。首饰镶嵌过程中可以根据宝石的价值和色彩选择不同含金量、不同颜色的K金材料(图2-11)。

图2-11　K金饰品

2.3.2 银及银合金

白银在首饰中的应用比黄金稍晚。但受宗教、文化以及技术条件的影响,白银在欧洲曾经是镶嵌首饰的主要材料,今天很难想象钻石、红蓝宝石、祖母绿等高档宝石在相当长的一段历史时期中都镶嵌在银质的首饰上。一直到19世纪末,白银仍然经常与黄金搭配出现在首饰中,有时首饰的正面为银,背面贴附一层K金材料。在19世纪末兴起的工艺美术运动中,设计师们提出要制作"人们买得起的银饰",从而使银饰得到大量推广和应用。为了更加方便地用于首饰镶嵌,工匠们同样将白银配置成为合金使用,比较流行的银合金有史特令银(Sterling Silver,含银量为92.5%)、不列颠银(Britannia Silver,含银量为95.8%)、德银(German Silver,含银量为80%)等,现在市场上常用的925银是含银量为92.5%的银合金,也称为"标准银",本书案例中使用的金属材料大多为925银,案例完成后经常再将表面进行电镀以增强金属的装饰效果。

直到现在,银饰同样具有特殊的亲和力,在少数民族或者复古首饰中更加重要。镶嵌绿松石、石榴石、玛瑙等有色宝石的银饰品仍然频繁地出现在市场中(图2-12、图2-13)。哥特风格饰品、苏格兰饰品、印第安饰品,以及我国的苗族银饰、藏族银饰等少数民族饰品也大多使用白银作为主要材料。同时,银饰长时间氧化会变黑的特性,又为银饰增加了时间的印记,使其可以获得更深沉的文化内涵。

图2-12 镶嵌宝石的花丝银戒指

图2-13 纯银首饰盒

2.3.3 铂及铂合金

铂金是一种熔点高、具有独特艺术风格的重要首饰材料。古代的埃及人和中美洲的印第安人已经能够制作铂金饰品(可能是用天然的金属材料打制而成),但直到20世纪初期,欧美珠宝品牌才纷纷将铂金材料引入珠宝首饰设计中。铂金的应用扩展了首饰的设计空间,首饰的镶嵌材料也得以丰富,尤其在钻石镶嵌的工艺中,铂金与钻石成为主流搭配,色泽好的大颗粒钻石在镶嵌时都优先选用铂金。在爱德华七世风格及装饰艺术风格的镶嵌首饰中,铂金是常见的贵金属材料,当时使用铂金、白色K金镶嵌的钻石首饰被称为"白色首饰",是优雅高贵的象征。

铂金应用于首饰之后,工匠们就开始考虑如何方便地利用它。为提高铂金的镶嵌性能,人们同样将铂金配置成各种纯度的合金以适应不同的需要,在镶嵌首饰中常见的有Pt990、Pt950、Pt900、Pt800等(铂金的含量分别为99%、95%、90%、80%)。

2.3.4 其他金属

铜、锌、铁、镍等普通金属材料并不作为珠宝首饰的首选材料,最初主要用来制作仿制首饰,以模仿黄金、白银等贵重金属材料(图2-14)。但在实际的生产中,这些材料却满足了大量的市场需求。特别是在欧美等国家的社会动荡时期,即使是富有的贵族,外出时也经常佩戴用普通金属材料制作的仿制首饰,以避免佩戴贵重珠宝首饰而遭遇不测。仿制首饰的销量有时甚至会超越贵金属首饰。18世纪到19世纪初欧洲流行的铁制首饰以及皮奇比克合金(由铜和锌配置的金黄色合金)饰品都是非常优秀的代表。

图2-14 普通金属制作的镶嵌饰品

在现代社会中,首饰设计师在新设计理念的影响下不断探索各种材料在首饰中的应用,于是普通材料也成为现阶段展示创意思维、工艺技巧的重要载体,而且由铜、锌等合金材料制作的饰品更加精细、时尚。自20世纪中后期开始,铝、钛、钽、铌等金属也被列入镶嵌首饰的选材范围。钛密度较小,质地坚韧,在镶嵌首饰中可以用于制作更加细小的镶爪,能够更少地遮挡宝石,从而凸显宝石的光学性能,同时钛经过氧化处理可以呈现出艳丽的色彩,使作品呈现出更加瑰丽的效果,因此获得了很多设计师的青睐(图2-15)。随着现代设计理念的推广和科技的进步,设计师们会不断突破传统首饰材料的限制,创造更多符合现代需求的精致饰品。

图2-15 绚丽多彩的钛首饰

第 3 章
首饰镶嵌中的宝石材料

　　首饰镶嵌中应用的材料大都为宝石("珠宝玉石"的简称),包括天然珠宝玉石和人工珠宝玉石。

　　古时由于工艺限制,镶嵌首饰中仅有钻石、红宝石、蓝宝石、祖母绿、青金石、软玉等。15世纪新航路开辟之后,东西方开始频繁地交流,首饰中使用的宝石品种和数量都迅速增加,珍珠、钻石、祖母绿等材料表现尤其明显。到 18、19 世纪时,首饰中应用的宝石品种已经相当丰富,如欧泊、紫晶、海蓝宝石、橄榄石、托帕石、石榴石、月光石、碧玺、绿松石等材料都逐步进入镶嵌首饰的展示范围,从而奠定了镶嵌首饰应用材料的基础。20 世纪中期以来,合成宝石、人造宝石、拼合宝石、再造宝石等人工宝石材料也登上历史舞台,成为镶嵌首饰的重要组成部分,首饰镶嵌材料范围得到充分的扩展(图 3-1)。同时,随着宝石加工工艺和镶嵌工艺的进步,镶嵌首饰也变得更加绚烂、多彩。

图 3-1　各种宝石材料

首饰镶嵌工艺基础

首饰镶嵌中应用的宝石大都为天然宝石。天然宝石本身的稀有性和价值决定了在镶嵌过程中必须小心谨慎地对待它们,因此能够识别各种常见宝石,并且了解其物理化学性质,是首饰镶嵌工艺中的必备能力,否则在镶嵌过程中可能会由于操作不当造成宝石破裂甚至损毁。

3.1 宝石的基本特征

首饰镶嵌工艺中应用的宝石材料大都有以下几个特征,即美丽、耐久、稀有。这些基本特征不仅是人们对宝石加工工艺和视觉效果的极致追求,也是首饰镶嵌、商贸以及价值评估的重要依据。

1. 宝石具有美丽的外观

美丽是宝石的天然外观呈现,主要强调视觉感受。宝石能够愉悦身心,尤其是宝石所具有的鲜艳色彩、纯净的质地是宝石魅力的来源。经过切割、雕琢、打磨,整颗宝石便可以在色彩、光泽、琢型等方面都呈现出完美的特色(图3-2)。同样,在首饰镶嵌过程中仍需要继续突出并延伸宝石的外观效果,通过不同造型、不同颜色的金属将宝石镶嵌、固定起来,使首饰更加璀璨、华丽。

图3-2 加工后的欧泊及其原石

2. 宝石具有足够的稳定性

足够的稳定性是宝石镶嵌和佩戴的基本条件,宝石在加工、镶嵌过程中要经受敲击、锉磨、錾刻、高温甚至酸碱腐蚀等多重考验。绝大多数宝石都具备较高的硬度和优良的韧性,不仅能够经受一定程度的研磨,也能抵抗较强的外力冲击,如钻石、翡翠等。少数宝石的稳定性稍差,如欧泊、珍珠、珊瑚等材料,在镶嵌时要谨慎小心。在实际操作中需要根据宝石材料的工艺性能来选择不同的镶嵌金属和镶嵌方法。

3. 宝石具有稀有的特点

在大多数消费者的印象中,宝石是天然产出的珍稀材料。这些天然宝石的稀有属性对应的是价值。但随着时代的发展,人们更加倾向于选择符合时尚潮流、充满设计感的首饰,所以对宝石价值的追求逐渐转变为对首饰特色的追求。一些价值不高、相对普通的宝石也可以通过设计获得更多的时尚特色(图3-3),于是新的设计理念及宝石材料伴随着新的镶嵌工艺不断涌现出来,并逐步成为时尚的主题。

图3-3 造型时尚的雕刻珍珠,珠核内有存储芯片,可以存储音视频信息

3.2 宝石的工艺性能

宝石的工艺性能主要是指宝石承受各种加工工艺处理的能力,由宝石自身的机械性能、热稳定性及化学稳定性等方面共同决定。

3.2.1 宝石的机械性能

宝石的机械性能是指宝石抵抗机械作用的能力,在首饰镶嵌过程中主要是指宝石承受挤压、锉磨、震动、击打等操作的能力。宝石的机械性能取决于宝石的物理特征,如硬度、韧性、脆性、解理、裂理、裂纹及其他内部特征等多方面因素。

1. 宝石的硬度

宝石的硬度是指宝石抵抗外界刻画、压入、研磨等机械作用的能力。对宝石硬度的衡量主要使用的是摩氏硬度。摩氏硬度是德国矿物学家腓特烈·摩斯（Friedrich Mohs）提出的。他使用10种常见的矿物作为评价标准，以此为参照可以确定其他矿物的相对硬度（表3-1）。宝石的硬度值越高，耐磨能力越强，在镶嵌时就能经受更强的操作应力。

表3-1 摩氏硬度表

矿物名称	滑石	石膏	方解石	萤石	磷灰石	正长石	石英	黄玉	刚玉	金刚石
硬度值	1	2	3	4	5	6	7	8	9	10
软──→硬										

通过摩氏硬度的对比，可以将宝石按硬度等级分类，具体摩氏硬度值和对应的宝石品种如表3-2所示。

表3-2 常见宝石硬度等级分类表

摩氏硬度值	宝石品种
10	钻石
9~9.5	红蓝宝石、莫桑石（合成碳硅石）
6.5~8.5	翡翠、祖母绿、尖晶石、石榴石、碧玺、水晶、橄榄石、金绿宝石、海蓝宝石、托帕石、坦桑石、锂辉石、玛瑙、合成立方氧化锆等
3~6	葡萄石、月光石、软玉、青金石、绿松石、孔雀石、欧泊、珍珠、珊瑚等
<3	琥珀、象牙等

在镶嵌中，锉磨镶嵌结构、带石抛光等操作工序都要考虑宝石的硬度，钻石、红蓝宝石等硬度高的宝石能够抵抗较大的加工力量，因此可自由选用加工方式。硬度在6.5以上的其他宝石也能够经受一定程度的锉磨，在首饰镶嵌过程中以及镶嵌完成之后可以根据宝石的特征适度打磨、修整镶嵌结构，但打磨时要尽量避开宝石，防止用力过大在宝石上留下痕迹。硬度在6以下的宝石质地较软，不仅不能经受锉磨，在带石抛光时也要非常注意，必要时可以在金属镶嵌结构打磨抛光完毕之后再进行镶嵌，防止打磨时对宝石造成伤害。另外需要注意的是，对于带有裂隙的宝石及各种有机宝石，在任何情况都不能掉以轻心，一定要仔细观察，谨慎镶嵌。

2. 宝石的韧性和脆性

宝石的韧性是指宝石在外力作用下不易断裂的能力,即宝石抵抗拉伸、击打的坚韧程度,亦称抗分裂的能力。常见宝石的韧性值如表3-3所示。

表3-3 常见宝石韧性值

宝石名称	绿帘石	锂辉石	磷灰石	月光石	托帕石	祖母绿	橄榄石	绿柱石	金刚石	刚玉	翡翠	黑金刚石
韧性值	2.5	3	3.5	5	5	5.5	6	7.5	7.5	8	8	10

宝石的脆性,是指宝石在外力作用下容易破碎的性质。宝石的脆性与晶体结构密切相关。在首饰镶嵌过程中,宝石会承受各种外力,稍有不慎就可能造成损伤甚至完全破裂,因此了解宝石的韧性和脆性对于宝石镶嵌非常重要(图3-4)。除翡翠等玉石材料外,宝石的韧性、脆性与硬度并不呈比例变化。硬度大的宝石通常脆性也相对较大,如钻石、托帕石、水晶的表现就比较明显,尽管这些宝石能够承受较大的压力,但在镶嵌时也不能任意处置,同样需要谨慎小心。很多高价值的宝石,如祖母绿、坦桑石、欧泊的韧性值较低,脆性大,在受到冲击和剧烈震动时很容易产生裂纹甚至破碎,所以操作时要格外注意。采用包镶、壁镶、无边镶等方法操作时,需要对金属进行敲击,敲击时一定要掌握力度。对于一些比较脆弱的宝石,应首选爪镶的方式。高价值的大颗粒宝石要在完成配石镶嵌,甚至完成抛光之后再进行镶嵌,以减少潜在的风险。翡翠、红蓝宝石等材料脆性小,韧性值又相对较高,镶嵌时可以适应大多数工序的操作。

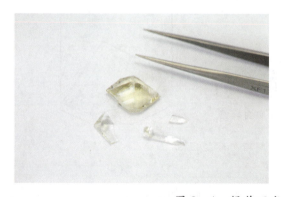

图3-4 操作不当造成的宝石破裂

3. 宝石的解理、裂理、裂纹以及其他内部特征

宝石的解理、裂理、裂纹都是宝石在外力作用下发生破裂的性质,但这三种破裂的特点及决定因素各不相同。

（1）宝石的解理是宝石晶体在外力作用（如打击、挤压等）下，严格按照一定结晶方向破裂，并能裂出光滑平面的性质。常见宝石解理性质如表3-4所示。

表3-4 宝石的解理性质

解理种类	宝石品种	解理性质
完全解理	坦桑石、锂辉石、萤石、托帕石、月光石等	宝石容易沿解理面破裂，解理面光滑
中等解理	钻石、橄榄石等	宝石可以沿解理面破裂，但解理面不甚平滑
不完全解理	金绿宝石、海蓝宝石、尖晶石、祖母绿等	宝石不易裂出解理面，且解理面不平整
无解理	红蓝宝石、碧玺、石榴石、水晶、合成立方氧化锆、莫桑石（合成碳硅石）等	宝石不产生解理面

宝石的解理方向是宝石受力最脆弱的部位。由于极完全解理的材料太容易破裂，因此很少作为宝石，更难以用于镶嵌首饰。完全解理、中等解理的宝石，如托帕石、钻石等材料在琢型定位时会进行一些调整（图3-5、图3-6），以适当增强宝石的承压能力，但在镶嵌操作过程中仍要加以注意，在宝石的解理方向用力时要尤其谨慎。不完全解理、无解理的宝石及玉石材料相对牢固，可应用的镶嵌方式较多，镶嵌时金属种类的选择也相对自由。

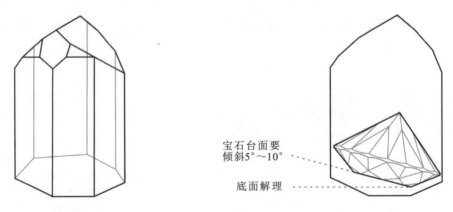

图3-5 托帕石的解理与琢型定位

（2）裂理。裂理是指宝石在外力作用下沿一定结晶方向（如双晶结合面）产生破裂的性质。宝石双晶的结合面同样是宝石较脆弱的承力点，如红蓝宝石等在镶嵌前要注意观察，镶嵌位置是否处于双晶结合面的部位。

（3）裂纹。裂纹是指宝石在内部或外部力量的作用下，沿任意方向破裂的性质。为便于理解，本书中将所有由解理、裂理以及在各种内、外力作用下产生的裂痕缺陷统称为裂纹（图3-7、图3-8）。

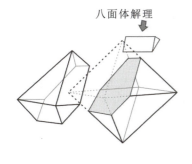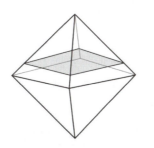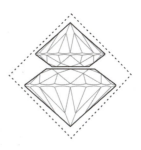

图 3-6　钻石的解理与琢型定位

包镶、轨道镶等镶嵌形式都会有敲击金属边的操作,在进行这些操作时一定要注意敲击力度,防止宝石产生裂纹、破裂面。另外,要时刻注意宝石内部原有的裂纹,仔细观察裂纹的大小、走向,在裂纹方向操作时要注意力度。尤其要注意裂纹较多的宝石,如祖母绿、碧玺等材料,防止在镶嵌过程中出现裂纹扩大甚至宝石破裂的问题。

图 3-7　拉长石的裂纹　　　　图 3-8　蓝宝石的裂纹

宝石的其他内部特征主要是指宝石内部包裹体、瑕疵、生长纹、人工处理痕迹等方面的特点。镶嵌前需要仔细观察宝石,明确了解宝石这些内部缺陷,并根据其分布规律确定宝石的加工特点以及采用的镶嵌方式。

镶嵌之前的仔细观察工序必不可少。尤其是对贵重的大颗粒宝石,需要仔细分析上述特征的走向、分布,以充分了解宝石的受力特征。对解理、裂理、裂纹明显或其他内部缺陷较多的宝石进行敲击、带石抛光、超声波清洗、蒸汽清洗、电镀等操作工序时要小心谨慎,贵重的宝石要尽量避开该类操作,防止宝石裂纹加深或者发生破损。对于质地脆弱、裂纹较多的宝石,其镶嵌方法首推爪镶,使用的材料也尽量选用较软的黄色 K 金或银,并适当缩小镶爪的体积。有贯通性的内部裂痕、随时可能开裂的宝石,可以使用装饰包镶的方法镶嵌,以减少破裂的风险。

3.2.2　宝石的热稳定性

宝石的热稳定性是指宝石对热量的耐受能力,它与宝石的性质及其组成成分密切相关。热稳定性较差的宝石在热量的作用下会发生物理或化学变化,如表3-5所示。

表3-5　宝石受热后的不同表现

宝石种类	受热表现
石英、碧玺、橄榄石、坦桑石、各种有机宝石等	导热性差、受热不均易裂
欧泊、绿松石、珊瑚、珍珠等	脱水、表面破坏、变色
孔雀石、紫晶、海蓝宝石、各种人工宝石及拼合石等	变色、破裂、拼合石结构分离

在首饰镶嵌过程中,上火漆、抛光、蒸汽清洗、电镀等操作都会对宝石有不同程度的加热,有些宝石对热量不敏感,如钻石、红蓝宝石、合成立方氧化锆等材料不仅可以带宝石进行操作,有时甚至可以带石焊接,但对热量敏感的宝石如碧玺、祖母绿、坦桑石等,一定要减少或者完全避免带石操作。需要注意的是,任何一种宝石都难以承受骤冷骤热的剧烈变化。

3.2.3　宝石的化学稳定性

在首饰镶嵌过程中,宝石的化学稳定性主要是指在抛光、超声波清洗、电镀等工艺过程中,有热量及化学物质参与情况下宝石的适应能力。一般情况下,无机宝石化学稳定性较强,如钻石、红蓝宝石、石榴石等化学稳定性较好,可以带宝石进行电镀、超声波清洗等多种操作。有机宝石如珍珠、珊瑚等大都属于化学稳定性较差的宝石类型,容易受到温度及其他化学物质的影响。无机宝石中的绿松石、孔雀石等材料亦是如此,因此在首饰镶嵌过程中要尽量避开这些会导致宝石发生变化的工艺流程。

3.3　基于工艺性能的宝石分类

基于宝石的工艺性能,即综合考虑宝石材料在首饰镶嵌过程中其机械性能、热稳定性、化学稳定性等多方面的表现,可以将宝石划分为稳定宝石、相对稳定宝石、不稳定宝石三类。

1. 稳定宝石

稳定宝石包括钻石、红蓝宝石、翡翠、尖晶石、水晶、玛瑙、玉髓、合成立方氧化锆、莫桑石(合成碳硅石)等。这类宝石无解理或为不完全解理,硬度高,能够耐受较高的温度和较强的震动,能够适应镶嵌中的绝大多数工艺操作;镶嵌时可以承受较大的压力,镶嵌材料的选择非常宽泛,能够使用硬度较高的铂金、K金材料,同时适应绝大多数镶嵌方式。

2. 相对稳定宝石

相对稳定宝石包括祖母绿、金绿宝石、海蓝宝石、石榴石、橄榄石、托帕石、碧玺、葡萄石、软玉等。这类宝石多为不完全解理或中等解理,硬度适中(大都在6以上),可以适应一定的温度和震动,能够适应基本镶嵌工序。在无裂纹等内部缺陷的情况下,这些宝石大都能够耐受加工过程中抛光、火漆固定、超声波清洗、蒸汽清洗等操作。一般使用K金、银合金作为镶嵌的首选材料,少数宝石也可以使用较硬的铂金。镶嵌时可以选用爪镶、包镶、迫镶等镶嵌方式。

3. 不稳定宝石

不稳定宝石包括坦桑石、锂辉石、月光石、青金石、孔雀石、绿松石、欧泊,以及各种有机宝石,如珍珠、珊瑚、琥珀、玳瑁等。这类宝石或具有完全解理,或硬度较小,或质地疏松,或化学性质相对活泼,一般不能参与抛光、加热、超声波清洗、蒸汽清洗及电镀等工序。镶嵌时要使用较软的金属材料,镶嵌结构也要尽量轻薄小巧。镶嵌方式首选爪镶,不推荐敲击式包镶。若要进行包镶操作,则金属边要薄,可以应用压边包镶。质地脆弱或裂纹较多的宝石如欧泊、珍珠等可以选用装饰包镶。

在首饰镶嵌中要根据宝石的稳定性、自身特点以及实际需要来选择镶嵌方式。除此之外,镶嵌时可以根据宝石的特征选择不同颜色的金属材料,如镶嵌祖母绿时经常使用黄色K金作为镶爪(图3-9)。一方面,黄色K金相对较软,在镶嵌时对宝石的压力较小,可以更好地保护宝石。另一方面,黄色K金的金黄色可以与祖母绿的绿色协调搭配,相互衬托。总之,首饰镶嵌是一项相对综合的工艺技术,需要对材料进行多方面的观察、考虑,然后通过丰富的结构和材质来表现出饰品的独特美感。

图3-9 祖母绿镶嵌中经常使用黄色K金制作镶爪

3.4 宝石的琢型与首饰镶嵌

宝石原石经切磨加工后所呈现的式样称为宝石的琢型。琢型与宝石的物理化学性质有密切的联系,同时也关系到宝石的镶嵌方式。从某种意义上来说,宝石的琢型决定了宝石的镶嵌方式,镶嵌方式会随宝石琢型的变化而不断变化。宝石的琢型通常分为四大类:珠型、弧面型、刻面型、异型。

3.4.1 珠型

珠型是最古老的琢型方式。公元前3000年之前,两河流域的工匠们就可以制作打孔的宝石珠子,他们将宝石珠子串成项链,有时还使用黄金将宝石珠子包裹起来,以增强珠子的视觉效果。罗马时期,工匠们使用黄金丝将紫晶、祖母绿、珍珠等材料串成各种手链、项链,有时还刻意保留祖母绿等宝石的六边形外观,这也可以被认为是刻面珠的起源(图3-10)。在现代首饰工艺中,珠型仍然是重要的宝石加工琢型,根据珠粒的不同形状可以分为圆珠、圆柱珠、腰鼓珠、刻面珠等(图3-11)。珠型适合的镶嵌方式是珠镶,宝石上的圆孔即是镶嵌

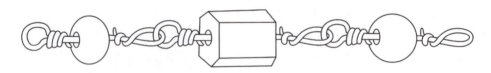

图3-10 罗马时期的串珠项链结构

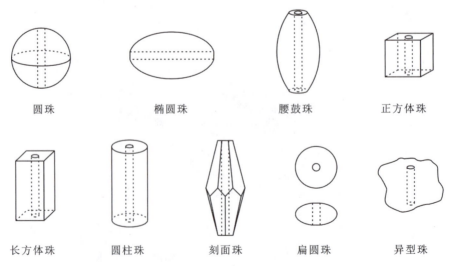

图3-11 珠型的分类

的位置。另外,珠型宝石根据孔是否贯通,又分为全孔珠和半孔珠(图3-12)。全孔珠的孔是上下通透的,一般用来穿制项链;半孔珠的孔只打入一部分,可用来作为珠镶的镶嵌结构。

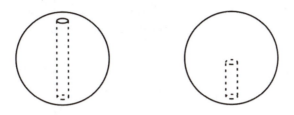

图3-12 全孔珠(左)和半孔珠(右)

3.4.2 弧面型

弧面型又称素面型、凸面型。弧面型宝石的观赏面是凸起的,呈现出光滑的流线型。半透明—不透明的宝石以及玉石和大部分有机宝石都经常制作成弧面型,这种宝石琢型可以最大限度地保留宝石的质量,也是用以展示猫眼效应、星光效应等宝石特殊光学效应的重要琢型。

弧面型的宝石适合采用爪镶、包镶等镶嵌方式,尤其适合包镶。工匠们从希腊化时期就开始将弧面型的石榴石镶嵌在黄金项链、手链上。在现代,弧面型的玉石也是镶嵌的主要对象之一。弧面型宝石的腰部平面形状可以分为圆形、椭圆形、橄榄形、心形、水滴形、垫形、异形等(图3-13)。腰部是弧面型宝石镶嵌的主要位置,一般来说,弧面型宝石腰围最大处向上1~2mm的位置是镶边、镶爪等镶嵌结构的固定区域(根据宝石的尺寸略有变化,

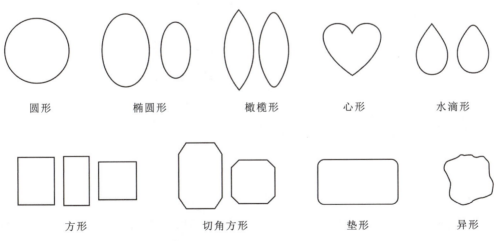

图3-13 弧面型宝石的腰部平面形状

图 3-14)。根据剖面造型的不同,弧面型又可以分为单凸弧面型、双凸弧面型、顶凹弧面型和中空弧面型等(图 3-15)。顶凹弧面型和中空弧面型都可以通过降低宝石的厚度增强其透明度,使宝石在视觉上"变亮",在 19 世纪时这种琢型特别流行。

对于透明度稍差一些的弧面型宝石,镶嵌时也可以在宝石的底部贴附一层锡箔,以增强宝石的亮度。在现代镶嵌工艺中,将不镂空的镶石座底部打磨光亮再进行镶嵌可以达到同样的效果。

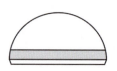
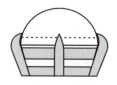
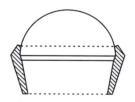

图 3-14 弧面型宝石的镶嵌区域

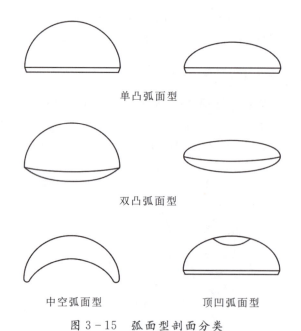

图 3-15 弧面型剖面分类

3.4.3 刻面型

刻面型宝石的演变与其镶嵌方式同样经历了漫长的历史过程。由于这种琢型与时尚设计、加工趋势紧密结合,因此刻面型一直是主流的琢型样式。刻面型宝石的表面由许多按一定规则排列的小刻面组合而成,又称棱面型或翻光面型。

现代刻面型有多种分类方式:根据宝石的腰棱形状,可分为圆形、椭圆形、水滴形、公主方形、祖母绿型等(图3-16);根据刻面组合方式的不同,可以分为钻石式、玫瑰式、阶梯式、混合式几种类型。

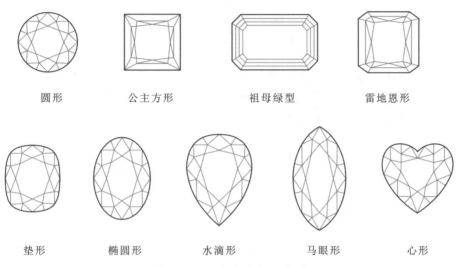

图3-16 刻面型宝石类型

刻面型以标准圆形钻石琢型为例,大都可以分为冠部、腰棱、亭部三个主要结构(图3-17)。腰棱是主要的镶嵌位置,腰棱以上1~2mm是镶嵌结构的固定区域(图3-18)。镶嵌时,宝石的冠部露在金属外面能够展示出宝石的反光和闪光,亭部可以全部或者部分遮挡在镶嵌结构中。一般透明度较高的大颗粒刻面型宝石采用爪镶的镶嵌方式,半透明或者不透明的宝石可以采用包镶的镶嵌方式,小颗粒的宝石可以采用壁镶、轨道镶、隐秘镶等镶嵌方式。直径小于3mm的宝石,如钻石、红蓝宝石等,可以作为配石,采用钉镶等方式大面积群镶以增强首饰的装饰效果。

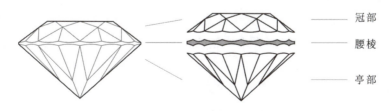

图3-17 刻面型宝石的基本结构

首饰镶嵌工艺基础

  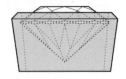

图 3-18 刻面型宝石镶嵌位置

1. 钻石式琢型

标准的钻石式琢型由 57~58 个（有时会有底面）刻面组成，是现代首饰镶嵌中最常见的宝石琢型。标准钻石琢型从最原始的尖琢型逐步演变至今（图 3-19），琢型方式的演变与首饰镶嵌的发展历程联系非常紧密。

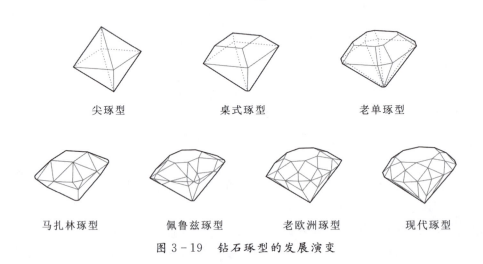

图 3-19 钻石琢型的发展演变

罗马时期，工匠们就开始将简单处理的钻石晶体镶嵌到首饰中，此时的钻石是原始的尖琢型，即保持钻石原有的八面体形状，只进行简单的抛光、打磨。钻石的镶嵌方式也相当原始，只是在金属上挖一个孔，放入宝石后再将边缘压紧以起到固定作用（图 3-20）。

14 世纪前后，欧洲宝石工匠掌握了源自印度和波斯的宝石刻面技术，宝石的刻面开始精确化，切割工艺在各国逐渐推广开来。钻石的切割、打磨技术相对成熟后，工匠们将一块钻石的原石切割成两半，两块钻石各带一个底尖、一个台面，经过打磨之后形成古老的桌式琢型。文艺复兴时期的画作中经常见到桌式琢型的钻石，这种钻石的镶嵌方式与罗马时期基本一致，将钻石的大部分埋入金属中，然后再进行固定。

17—18 世纪欧洲快速发展，各种聚会或派对场合更需要宝石闪光的映衬，宝石的刻面开始增多，工匠们在探索宝石切割、打磨方法的同时，也开始尝试各种镶嵌方法，最具代表性的是在包镶基础上发展出的筒夹镶嵌，这种镶嵌方法是通过降低一部分镶边、制作出镶爪而将宝石固定(图3-21)。筒夹镶嵌的出现代表爪镶逐步从包镶工艺中分离出来,并为钉镶工艺的发展奠定了工艺基础。因此,在18世纪后期,以钉镶为代表的小颗粒宝石镶嵌方式得到迅速发展,在自然主义设计理念的推动下,各种镶满钻石的植物形饰品大量涌现。

图3-20　早期钻石镶嵌的方法　　　　图3-21　从包镶方法演变而来的筒夹镶嵌

19世纪中期前后,K金材料在镶嵌首饰中大量应用。与纯金、纯银相比,K金的硬度更大,可以更牢固地镶嵌宝石。工匠们在制作过程中也逐步尝试将镶嵌结构镂空,以使首饰更加轻巧。尤其在爪镶工艺中,精细的镶爪能够更大范围地展示宝石。在宝石琢型方面,以老欧洲琢型为代表的明亮式琢型逐步发展起来,为现代首饰镶嵌工艺的形成奠定了重要的工艺基础。

2. 玫瑰式琢型

玫瑰式琢型又称玫瑰型,是一种以三角刻面为主的琢型(图3-22),它的出现是钻石琢型演变过程中的小插曲。早在16世纪前后工匠们就应用了这种独特的切割方式,玫瑰式琢

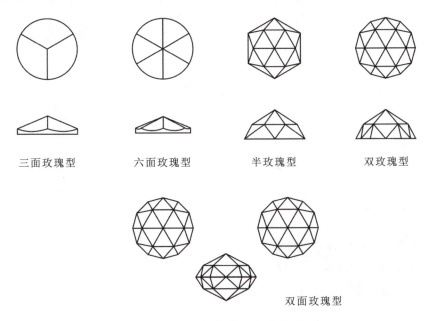

图3-22　玫瑰式琢型的类型

型既能减少宝石在切割过程中的损耗,又能够获得更好的闪光效果,尤其适合当时欧洲流行的烛光晚会。18—19世纪时玫瑰琢型的钻石伴随着植物纹饰在镶嵌首饰中一度风靡。玫瑰式钻石同样具有腰棱,大颗粒的宝石可以采用爪镶的镶嵌方式,小颗粒的宝石采用钉镶的方式。这种琢型在18—19世纪的古董首饰中特别常见,现阶段很多仿古首饰也经常镶嵌玫瑰式琢型的宝石。

3. 阶梯式琢型

阶梯式琢型的宝石台面大都为长方形或正方形,其他刻面与台面平行排列。这种琢型可以较少地损失宝石质量,适用于各种透明宝石(图3-23)。大颗粒阶梯式琢型的宝石与其他刻面型宝石的镶嵌方式基本相同,适合爪镶、包镶等镶嵌方式。小颗粒阶梯式宝石,如钻石、红蓝宝石主要用作配石,是轨道镶、壁镶、隐秘镶等工艺的主要材料。在镶嵌时,带有尖角的宝石相对脆弱,要注意保护,可以选用硬度较小的金属材料作为镶嵌用材,并在镶嵌时制作出完善的保护结构。有时为除去边角的杂质或者增强宝石的受力能力,会在切割过程中将四个尖角去掉,这种不带尖角的阶梯式琢型更便于镶嵌的操作。

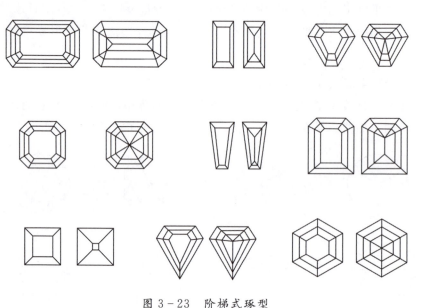

图 3-23 阶梯式琢型

4. 混合式琢型

混合式琢型是指对宝石的冠部和亭部采用不同切割方法的琢型(图3-24),它适用于大颗粒的透明宝石,特别是水晶、托帕石、碧玺、海蓝宝石等。混合式琢型可以使宝石呈现出与众不同的效果。绝大多数混合式琢型的宝石都有腰棱,所以镶嵌方式与其他刻面类型的宝石一致。

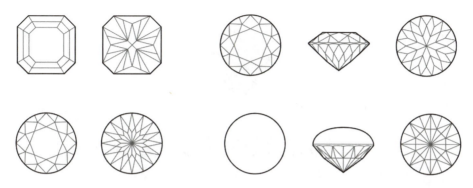

图 3-24　混合式琢型

3.4.4　异型

异型与以上介绍的琢型方式都不同。异型宝石包括两种：一种是直接利用宝石的自然形态，将宝石稍加打磨，有时甚至不作任何处理而直接加以应用，如异型珍珠以及整枝的珊瑚；另一种是根据设计或制作要求，将宝石打磨成不同于常规琢型的造型，如复杂切割的宝石以及玉雕等。随着宝石切割技术和人们审美品位的提高，人们在首饰设计中更加注重造型的独特性，异型宝石的镶嵌也逐渐成为首饰镶嵌中的重要组成部分。

在传统的首饰镶嵌过程中，异型宝石镶嵌主要通过雕蜡工艺来制作镶嵌结构（图 3-25）。蜡材便于加工的特点使它尤其适合制作异型宝石的镶嵌结构。在科技发展的大背景下，三维扫描等仿真技术也被应用于首饰镶嵌工艺中，便利化的操作使之能够与CAD设计、3D打印等技术完美对接，从而极大地提高首饰镶嵌特别是异型宝石的镶嵌效率。

图 3-25　使用雕蜡工艺完成的异型宝石镶嵌

第 4 章

首饰镶嵌的工具设备

4.1 首饰镶嵌工作台

首饰镶嵌工作台是在首饰镶嵌过程中用于制作镶嵌结构以及完成镶嵌操作的桌子或操作平台。工作台周围可以配备基本的电源、光源及通风、除尘等设备,其他的工具和布置需要根据实际的工作内容和操作习惯进行安排(图 4-1)。

图 4-1 工作台及各种镶嵌工具

首饰加工企业和个人工作室配备的工作台结构会略有不同。首饰加工企业中有相对完善的生产线,镶嵌结构的制作和前期处理由生产线中的各部门分解完成,镶嵌工作台仅需完成宝石的固定工作,因此大都使用专用的镶嵌工作台。这种工作台结构相对简单,只有一个抽屉,用以存放基本工具以及收集贵金属粉屑(图4-2)。

个人工作室和首饰爱好者在首饰镶嵌过程中需要考虑备料、镶嵌结构的制作以及后期的执模、抛光等上下游工作流程,因此配备的工具要相对多一些,工作台的结构也比较复杂,可以根据自己的工作需求选用或定制(图4-3)。

图4-2 专用镶嵌工作台

图4-3 定制工作台

4.2 吊机及配套针具

吊机是首饰制作中的常用工具,在首饰镶嵌中也具有非常重要的作用,其功能包括打孔、扩孔、开槽、车石位等(图4-4)。在镶嵌工作中一般都使用快装手柄,这样可以快速更换针具,能够方便操作,提高效率(图4-5)。除吊机之外,首饰镶嵌工作中也可以选用功率较大的台式打磨机。

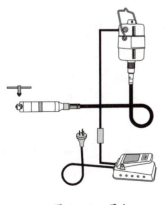

图4-4 吊机

图4-5 快装手柄

首饰镶嵌工艺基础

吊机的针具根据使用功能主要分为两大类：一类是车削针具；另一类是打磨针具。随着人们对首饰制作、镶嵌工艺的要求越来越高，各种针具也越来越丰富。

1. 车削类针具

车削类针具在首饰镶嵌中主要用于打孔、刻槽及金属车削等工作，分为轮针、吸珠针、牙针、桃形针、伞针、飞碟针、钻针、球针等（图4-6）。

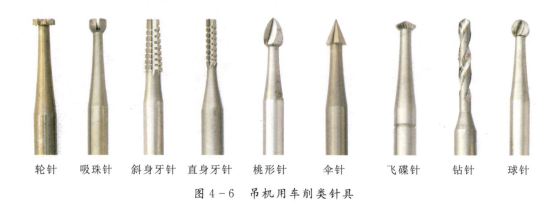

轮针　　吸珠针　　斜身牙针　　直身牙针　　桃形针　　伞针　　飞碟针　　钻针　　球针

图4-6　吊机用车削类针具

在镶嵌工作中，轮针和飞碟针的主要功能是刻画标记线、车切镶爪及镶石位上的凹槽（图4-7），使镶嵌结构能够更方便地卡住宝石的腰棱。吸珠针可以用来打磨镶爪，使其顶部光滑，不容易钩挂衣物，同时在吸珠抹镶工艺中可以将金属压向宝石，起到镶嵌、固定宝石的作用。牙针能够车切金属，在微镶和轨道镶中可以与铲刀配合制作出镶钉及镶石位。牙针也可以处理铸造镶口缝隙中多余的金属，使其更加平整、光滑。桃形针和伞针主要用来扩孔，在车削金属时也可以制作出各种金属肌理。钻针是打孔的重要工具，在镶嵌过程中，可以在镶石位底部打孔以保护宝石的底尖，也可以用来制作定位标记。球针在首饰镶嵌中主要用于制作镶石位（图4-8），尤其是在圆形宝石的包镶、钉镶中作用更加明显。在包镶过程中可以根据宝石的大小选择几种球针制作镶石位，而在钉镶及微钉镶工艺中，尤其是在镶嵌直径3mm以下的宝石时，为保证镶石位的精确，球针的尺寸必须与宝石直径一致。

2. 打磨类针具

打磨类针具种类也非常丰富，包括金刚砂针、砂纸卷、砂纸夹、布轮、鬃轮、橡胶轮等（图4-9）。在首饰镶嵌过程中，打磨类针具可以对金属进行修整、抛光，有针对性地优化镶嵌结构的外部、内部细节，提高饰品的光亮度。

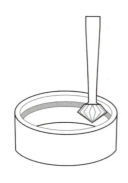
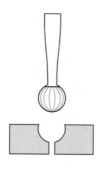

图4-7　用飞碟针车切固定宝石腰棱的凹槽　　图4-8　用球针为宝石制作镶石位

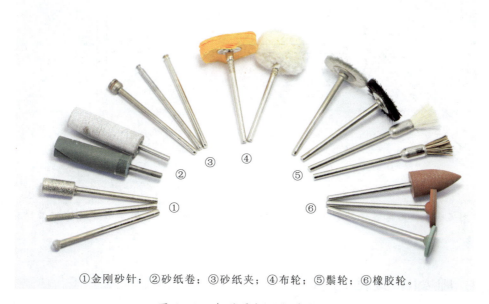

①金刚砂针；②砂纸卷；③砂纸夹；④布轮；⑤鬃轮；⑥橡胶轮。

图4-9　各种吊机用打磨针具

金刚砂针在首饰镶嵌过程中可以用来对铸件表面进行初步处理，也可以用来打磨铲刀。砂纸卷及砂纸夹能够将金属表面打磨平整，砂纸夹还可以处理一些镶嵌结构的角落位置，使饰品更加精致。吊机使用的布轮主要用于对饰品局部结构进行抛光。鬃轮能够有效地处理角落和缝隙较多的位置，常用于镶嵌结构的初步打磨，如钉镶及微钉镶表面的粗抛光（图4-10）。橡胶轮一般用来打磨包镶、壁镶、轨道镶的镶边（图4-11），有时也可用于铲刀尖端的抛光（图4-12），锥形橡胶轮可以在镶嵌之前处理镶嵌结构内部（图4-13），使其更加光亮、细腻。

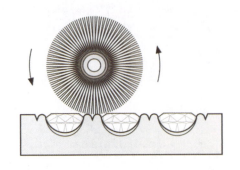

图 4-10　用鬃轮打磨钉镶的镶爪

图 4-11　用橡胶轮为镶边抛光

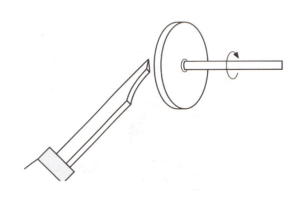

图 4-12　用橡胶轮为铲刀尖端抛光

图 4-13　用锥形橡胶轮打磨镶口内壁

4.3　雕刻工具及设备

　　雕刻工具分为气动雕刻工具和手工雕刻工具。气动雕刻工具主要是指气动雕刻机,它可以将压缩空气转化为动力,推动配套的雕刻刀完成金属的雕刻工作(图4-14)。气动雕刻机效率高,力度均匀,铲刻出的线条顺畅,为越来越多的手工艺者所选用。但由于气动雕刻机及其配套工具成本较高,在首饰镶嵌工艺中并未完全普及,因此本节仍以手工雕刻工具为主要介绍对象。

　　手工雕刻工具即雕刻刀,也称铲刀,由手柄和各种刀片组成(图4-15)。利用不同类型的雕刻刀片可以制作出不同的组合纹饰(图4-16)。在首饰镶嵌过程中,可以根据宝石的尺寸及镶嵌方式来选择雕刻刀的类型。

首饰镶嵌的工具设备 第 4 章

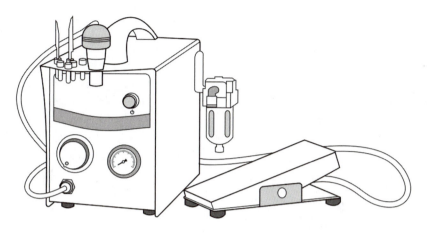

图 4-14　气动雕刻机

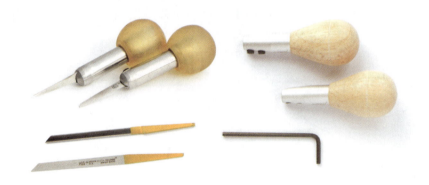

图 4-15　雕刻刀及其配件

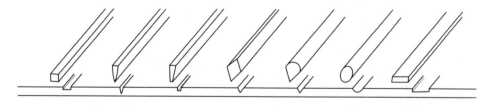

图 4-16　雕刻刀片及其刻槽形状

1. 常用雕刻刀类型

雕刻刀的类型非常丰富，但在首饰镶嵌过程中常用的主要有两种：一种是截面为三角形的铲刀（有时边缘略带弧形），通常称为"三角铲刀"（图 4-17）；另一种是截面为梯形的铲刀，

43

首饰镶嵌工艺基础

通常称为"平铲刀"或"分钉刀"(图4-18)。

图4-17 三角铲刀

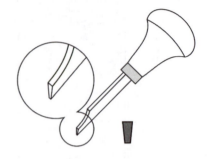

图4-18 平铲刀

三角铲刀在首饰镶嵌过程中用来铲刻线条,在起钉镶工艺中可以起出镶嵌用的钉芽(图4-19)。平铲刀能够铲削多余的金属,可以用于修整镶嵌的细节部位,在铲边钉镶及虎口钉镶过程中,平铲刀可以分开钉爪并固定宝石(图4-20)。

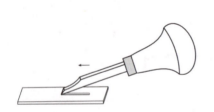

图4-19 三角铲刀用于铲线和起钉

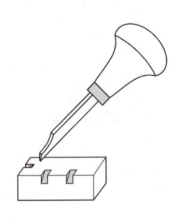

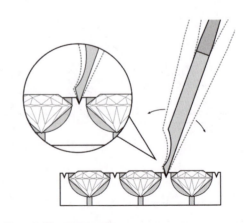

图4-20 平铲刀用于铲削金属、分钉

2. 铲刀的修整及打磨

铲刀大多用于钉镶及微钉镶。镶嵌的宝石相对较小,为了在镶嵌过程中便于操作又不遮挡视线,在使用之前经常会对铲刀的尖端位置进行修整(图4-21)。

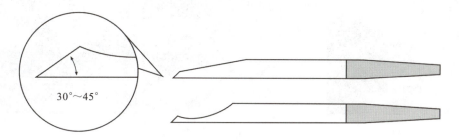

图4-21 铲刀尖端修整后的两种常用形状及刀尖角度

1)刀片修整

刀片修整过程如图4-22所示。

图4-22 刀片修整

通常情况下,使用砂轮机将铲刀的上侧边缘去除即可完成操作,但为进一步缩小刀尖尺寸,扩大铲刀的适用范围并且不遮挡视线,还需要再使用金刚砂针打磨出凹陷部分(图4-23)。需要注意的是:打磨时要一边打磨一边沾水降温,否则刀片过热会降低铲刀的硬度。最后使用砂纸卷将表面打磨光滑。

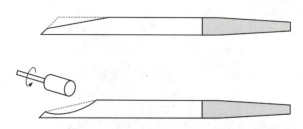

图4-23 用砂轮机去掉上侧边缘后,再使用金刚砂针打磨出凹陷部分

2)安装刀片并修整刀尖

刀片安装及修整过程如图4-24所示。

图4-24 安装并修整刀片

根据使用长度将铲刀刀片安装到万能手柄或木柄上。用金刚砂片(800♯～1000♯)磨制铲刀的尖端,使其与刀片的底边呈30°～45°的夹角(图4-25)。注意磨制时手要稳定,运动路径始终保持水平才能保证刀面的平整。

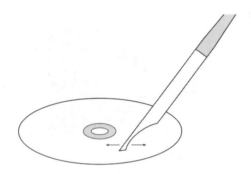

图4-25 打磨铲刀尖端

3)精修刀尖

刀尖精修过程如图4-26所示。

图4-26 精修刀尖

使用更细的砂纸将铲刀的刀面打磨平整,同时打磨铲刀的刃部使其更加锋利。若需要使刀具更加光滑,可以用油石、橡胶轮继续打磨,这样可以保证铲出的金属面平整、光亮。

4.4 焊接及辅助设备

焊接工具主要是焊枪,此外还包括激光点焊机、脉冲点焊机等设备(图4-27)。焊枪可用来焊接各种镶嵌结构,在宝石镶嵌环节中,焊枪还可以加热火漆,完成上火漆和去火漆的操作。

图4-27 焊枪及焊接辅助工具

激光点焊机可以利用激光在金属表面产生高温,从而将金属局部熔化,达到焊接的目的(图4-28)。在首饰镶嵌中,激光点焊机有两项重要功能:一是在制作镶嵌结构时能够快速地焊接定位;二是可以用来修补金属表面的缺陷,如铸造坯件上产生的砂眼。激光点焊机在钉镶特别是微钉镶操作过程中也能够发挥强大的功能,由于钉镶及微钉镶需要制作大量的镶嵌钉爪,有时在操作中会发生断爪的情况,激光点焊机可以轻松将断爪补齐而不必拆掉已经完成镶嵌的宝石,因此节省了大量的工作时间。

脉冲点焊机又称碰焊机,可以利用瞬间电流将金属表面熔化实现焊接(图4-29)。脉冲点焊机操作简便、成本低,在首饰制作过程中常用于焊接圈环及玉石饰品的镶嵌。

首饰镶嵌工艺基础

图 4-28　激光点焊机

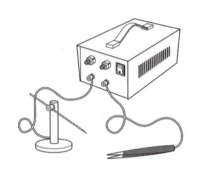

图 4-29　脉冲点焊机

4.5　夹持及支撑工具

夹持及支撑工具是镶嵌过程中用来固定镶嵌结构、辅助镶嵌工作的各种工具。夹持工具是通过卡、夹等方式固定饰品坯件的工具，除常用的钳子之外，还包括台钳、戒指夹、镶嵌球钳、戒指镶台、双头锁、冬菇锁等工具（图 4-30）。

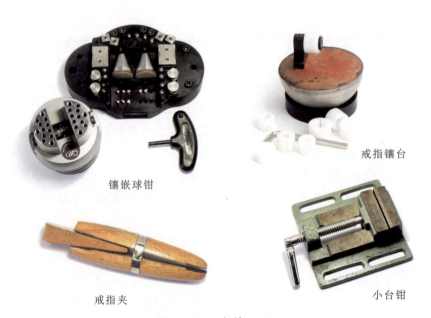

镶嵌球钳　　　　　　　戒指镶台

戒指夹　　　　　　　　小台钳

图 4-30　夹持工具

镶嵌球钳及台钳可以用来夹持饰品坯件。镶嵌球钳又称为球钳、万能镶石座、揽撑，可以夹持各种片形、条形坯件，搭配火漆可以使其功能更加强大。戒指镶台主要用来固定戒指坯件，便于戒圈表面的镶嵌及雕刻工作。戒指夹、双头锁及冬菇锁可以夹持小型饰件以便于对其进行打磨、镶嵌等。

支撑工具主要是指与火漆搭配的工具，如带有火漆的火漆球（图4-31）、火漆棒、火漆板等。将首饰坯件固定在火漆上称为"上火漆"，即烘烤、加热火漆并待其软化后，将首饰坯件置入的工艺过程。坯件需要加工的位置露在火漆的外面，以便于后期镶嵌、铲削、敲击等。埋入火漆的部分，如饰品的通花（饰品边缘一些镂空的精细纹饰）及金属托架等结构在操作中可以得到相应的保护，避免在操作中发生变形、断裂。

首饰镶嵌中常用的火漆有两种，分别是红火漆和灰火漆（图4-32）。红火漆主要成分为松香，是首饰镶嵌工艺中传统的固定材料。

图4-31　火漆球

图4-32　红火漆及灰火漆

坯件上火漆时，须用软火对火漆球缓缓加热，可以根据需要在火漆球上增加一些火漆。一边加热一边转动火漆球使之受热均匀，防止过热将火漆表面烧焦。火漆软化后，可以用镊子尾部将其堆起，放入金属坯件后调整方向，将待加工的部位露在火漆外。具体操作过程如图4-33所示，操作时要避免熔化的火漆粘到皮肤上造成烫伤。

图4-33　上火漆

首饰镶嵌工艺基础

去火漆时,同样使用焊枪对火漆位置缓缓加热,待其熔化后将饰品坯件夹起取下,温度降至常温后,放入有丙酮或稀料的容器内将火漆溶解(图4-34)。注意:对热量敏感的宝石应尽量采用其他方法固定,另外,有机宝石镶嵌后不能放在有机溶剂内浸泡。

图4-34 去火漆

灰火漆是国外首饰工具企业发明的一种新产品。灰火漆软化温度较低,微波炉、烤箱、热风机都可以方便地将其软化。使用时,先用软化的火漆将饰品坯件包裹,待火漆硬化后即可将其与坯件一同固定在镶嵌球钳等工具上进行操作(图4-35)。灰火漆不容易黏附在金属上,将其连同坯件一起加热软化后即可将金属取出,温度降至常温后,附着在金属上的火漆可以轻松剥离。

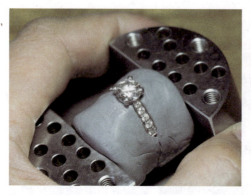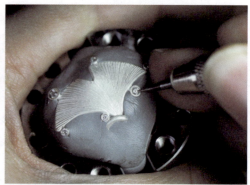

图4-35 使用灰火漆将饰品固定后进行镶嵌

4.6 放大设备

首饰镶嵌是一项精细的工作,宝石的观测,镶嵌结构的制作、调整以及宝石牢固度检查等多数情况下都需要使用放大设备。放大设备类型丰富,可以根据工作需要进行选择:手持式的10倍放大镜大都用于宝石及镶嵌结构的基本检查,头戴式的放大镜及台式放大镜可以将双手解放出来进行操作(图4-36)。微钉镶的所有操作都是在显微镜下进行,工作中应用的显微镜也称微镶机,是一种体视显微镜,放大倍数一般为40倍左右,可以通过变焦调整视域的大小及焦距。

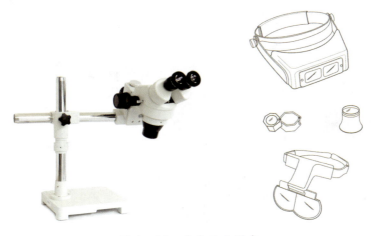

图4-36 各种放大设备

4.7 镶嵌及装饰工具

该类工具包括镶石座校正工具、镶嵌工具以及各种装饰工具,常见的有管镶工具、珠作、镶石錾、钢压、推刀、玛瑙刀、冬菇锁、双头锁、辘珠针以及各种磨制针具(图4-37)。

①管镶工具;②珠作;③镶石錾;④钢压;⑤推刀;⑥玛瑙刀;⑦冬菇锁。

图4-37 常见镶嵌及装饰工具

首饰镶嵌工艺基础

镶石座校正工具可用于校正爪镶、包镶的镶石座并对其进行适当放缩。镶石座校正工具有圆形、方形、椭圆形等形状,可以根据需要进行选择(图4-38)。

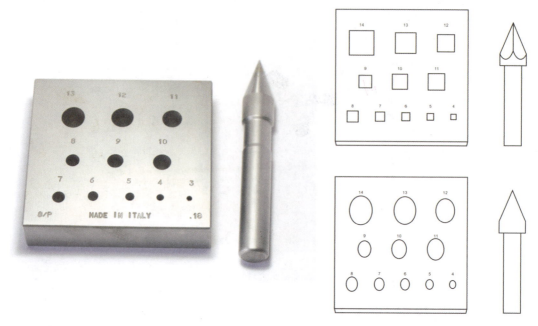

图4-38 镶石座校正工具

管镶工具可以专用于管镶,也可以用于部分圆形宝石的包镶。镶嵌时,它通过顶端弧形的凹面使金属变形从而将宝石镶嵌牢固。

珠作又称窝座、吸珠,通常为套装形式,套装中有大小不同的珠作针,在钉镶过程中可以将镶钉的顶端压圆从而使镶钉与宝石之间的距离更近,增强镶嵌的牢固程度。压低后的镶钉更圆滑、光亮,也不容易钩挂衣物及头发。

镶石錾可用白钢条或者吊机用的废针制作,使用砂轮打磨出形状之后再用砂纸磨平即可(图4-39)。它可以用于包镶、壁镶、轨道镶等,操作时用锤子敲击其尾部,镶石錾的尖端迫使镶边发生变形从而固定宝石。

钢压、玛瑙刀(图4-37)及推刀(图4-40)大都用于包镶,钢压也可以用于抹镶。使用这些工具时将力量集中于工具顶端,通过迫使金属边缘变形而将宝石固定在镶嵌结构上。有些类型的推刀也可用于爪镶,特殊的凹槽使它可以在将镶爪压弯的同时不伤害金属表面,便于后期的抛光、打磨。

油石和磨盘可以用来磨制各种工具(图4-41)。磨盘通常用800#~1000#规格,将工具磨好后可以用油石进行修整、抛光。在铲刀等镶嵌工具还未进入市场之前,所有的镶嵌工具都需要工匠自己制作,在现代镶嵌中也会经常根据需要制作一些符合个人操作习惯的工

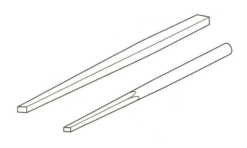 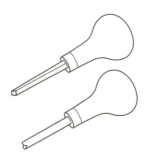

图 4-39　镶石錾　　　　　　　　　图 4-40　推刀

具,这些工具经常用冬菇锁和双头锁来夹持,如钉镶及微钉镶中常用的双头锁工具。双头锁一端用较粗的废针制作,可以用来粘取宝石,并把宝石压入镶石位;另一端可用缝衣针制作成铲针,用于修整镶嵌结构,尤其是铲削镶边、镶爪上多余的金属,也可以用来检测宝石镶嵌的牢固度(图 4-42)。

图 4-41　油石、磨盘、冬菇锁、双头锁及磨制的针具

辘珠针也称珠边针,可以通过端头圆形滚轮将金属的边缘滚压成珠粒状的装饰,用于镶边的装饰,可以使首饰更加华丽(图 4-43)。这种工艺在 19 世纪末到 20 世纪初的首饰中非常流行。在进行辘珠操作时,对于较软的金属如黄色 K 金和银质饰品可以直接手工操作,而白色 K 金和铂金合金饰品硬度较高,可以将辘珠针安装在气动雕刻机或者珠边机上进行操作,以保证珠粒圆润、清晰。

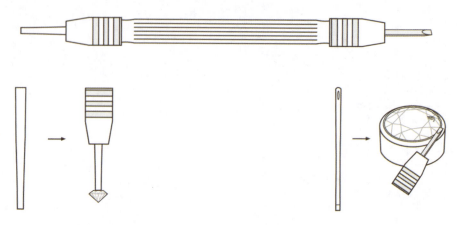

图 4-42 双头锁工具的组成及功能

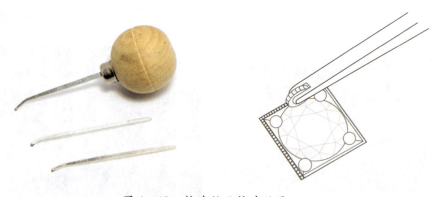

图 4-43 铲珠针及铲珠效果

4.8 度量工具

在首饰镶嵌过程中还会用到很多度量工具,它们可以使镶嵌工作更加精确、细致,如游标卡尺、内卡尺、分规、电子秤等(图4-44)。这些工具在操作中可以度量宽度、高度、厚度以及宝石和镶嵌饰品的质量。

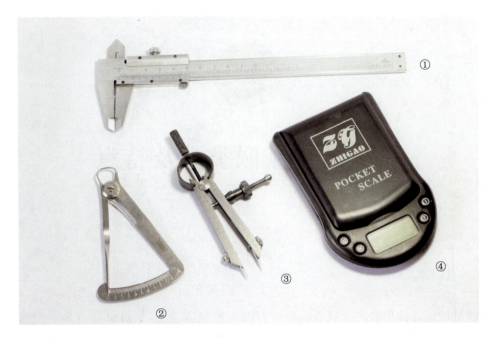

①游标卡尺；②内卡尺；③分规；④电子秤。

图 4-44 各种度量工具

第 5 章

常见首饰镶嵌类型及特点

5.1　爪镶

　　爪镶是使用各种形状的金属爪固定宝石的一种镶嵌方法,它可以通过多个金属爪的相互作用,最大限度地抱紧宝石。在 K 金和铂金得到应用之前,爪镶工艺的优势并不明显,宝石的高度大都与金属齐平,很多时候宝石被隐藏在笨重的金属结构中,粗大的镶爪遮挡了宝石的观赏位置。而现代爪镶几乎能够将宝石完全展现出来,让光线充分进入宝石,最大限度地折射出璀璨的光华(图 5-1)。1886 年,Tiffany 首次使用现代六爪镶的方法将钻石固定在戒指上,这种镶嵌方式的黄金时代也就随之到来,自此爪镶成为大颗粒透明宝石的首选镶嵌方式,并且其造型、种类都日益丰富。

图 5-1　爪镶首饰

1. 爪镶的特点

(1) 爪镶的适用面非常广泛,从透明宝石到不透明的宝石,从规则切割宝石到随形宝石的镶嵌均可采用这种工艺方法。

(2) 爪镶能够最大限度地突出宝石。大量的可视空间使光线可以从不同角度进入宝石,能够完全展现透明、半透明宝石的内在美和外在美。

(3) 爪镶工艺使用的贵金属较少,制作相对方便,除了能够在镶嵌中抱紧宝石外,价格的优势也非常明显。爪镶造型中的各种结构基本是开放的,因此也容易清洗干净。

2. 爪镶的镶嵌结构及分类

在首饰镶嵌工艺中,未镶嵌宝石的完整镶嵌结构称为镶口,所以爪镶的镶嵌结构又称爪镶镶口,主要包括镶爪和镶石座两个部分(图 5-2)。镶爪又称宝石爪,是抓住和固定宝石的主要部分。镶石座是宝石亭部或底部的承托部分,起到承托宝石和固定镶爪的作用。根据镶爪的样式、数量及镶石座的形状、结构不同,爪镶又有很多分类。

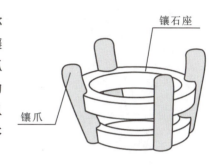

图 5-2 爪镶镶口的结构

1) 根据镶爪剖面及样式分类

镶爪根据其剖面及样式的不同,可以分为三角爪、圆爪、方爪、角爪、尖爪、双爪、心形爪、异形爪等(图 5-3)。

圆爪最常用,适用于大多数的宝石。方爪经常用在钻石镶嵌尤其是祖母绿琢型的宝石中。尖爪易于弯折,经常用来镶嵌素面宝石及裂纹较多或者工艺性能不稳定的宝石。双爪和角爪用于镶嵌方形或者马眼形、水滴形、心形宝石,可以保护宝石的尖端。三角爪和心形爪经常用在大颗粒的钻石镶嵌中。异型爪大都应用于异型宝石镶嵌或者特殊设计款式中,以展示作品的个性。在 K 金或铂金首饰中,镶爪经常被制作成上大下小的样式,这样不仅可以节省贵金属的用量,还可以将宝石尽量展露出来。

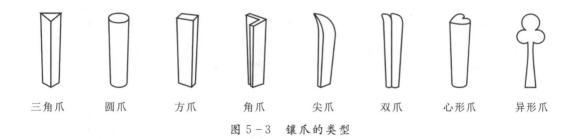

图 5-3 镶爪的类型

2) 根据镶爪数量分类

根据镶爪数量的不同,爪镶可以分为两爪镶、四爪镶、六爪镶等(图 5-4)。另外,两颗或者多颗宝石同时共用一个镶爪时,这种镶爪称为公共爪,这种镶嵌称为共爪镶(图5-5)。在爪镶镶嵌工艺中,镶爪的形态、数量以及排布方式(图5-6)可以根据宝石的工艺性能及实际样式进行选择。

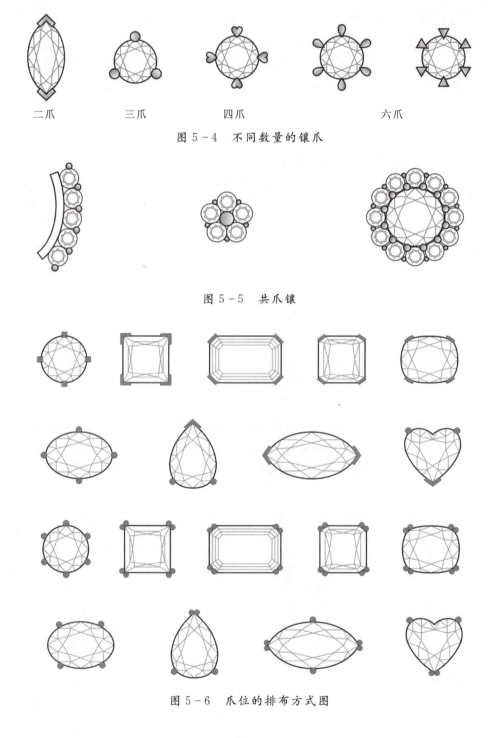

二爪　　　　三爪　　　　四爪　　　　　　　六爪

图5-4　不同数量的镶爪

图5-5　共爪镶

图5-6　爪位的排布方式图

3）根据镶石座形状及结构分类

镶石座也称为石碗、底托、石托，根据其形状、结构的不同，可以分为素石碗、双层石碗、通花石碗、异形石碗、尖石碗等多种类型（图5-7）。镶石座的样式和形状同样由宝石的特点决定。镶嵌不透明的宝石时，经常选择素石碗。镶嵌透明的宝石时，则会改变石碗的形状或者尽量将其镂空，这样可以更好地展示宝石，同时也可以减少贵金属的用量。

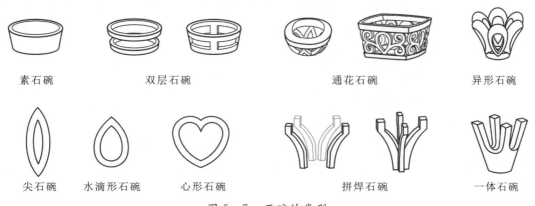

图5-7 石碗的类型

5.2 包镶

包镶是包边镶的简称，它是通过压迫镶石座上缘的金属（即镶边），使之变形并压向宝石的腰棱方向，来达到压紧、固定宝石的目的。包镶是最古老、最传统的宝石镶嵌方式，也是最牢固的镶嵌方式。采用包镶工艺的饰品典雅、内敛，很多首饰品牌都热衷于这种镶嵌方法（图5-8）。

图5-8 包镶首饰

1. 包镶的特点

（1）包镶适用于半透明到不透明的素面宝石，如红蓝宝石、石榴石、月光石以及各类玉石。整圈金属的包裹使宝石的颜色显得更加深沉，有时镶边上还可以再镶嵌一圈配石使整件首饰更加华丽。

（2）包镶的镶嵌结构相对厚重，在制作过程中使用的贵金属较多，所以成本略高于其他镶嵌方法。另外，有些情况下需要敲击镶边，因此质地比较脆弱或者裂纹较多的宝石不适合采用敲击包镶的镶嵌方法。

（3）包镶对于宝石的遮挡面积较大，可以将宝石的部分缺陷隐藏到镶嵌结构中，还可以通过底部处理略微改善宝石的外观。19世纪30年代之前，包镶的镶嵌结构底部都是封闭的，工匠们通过在底部贴附金属箔片来增强宝石底部的反光，甚至用带颜色的箔片来改善宝石的颜色。

2. 包镶的镶嵌结构及分类

包镶的镶嵌结构，即包镶的镶口，主要是镶石座。简单的镶石座由稍厚一点的金属条或金属片制成，根据宝石的大小，在其内圈车出用于固定宝石腰棱的凹槽或者焊接一部分承接宝石的金属结构即可（图5-9）。复杂的镶石座通常设计为双层或者通花结构以减少贵金属的使用量。

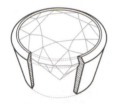

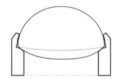

图5-9　包镶的结构

包镶的类型也非常丰富，根据镶嵌方式的不同可以分为以下几种类型（图5-10）。

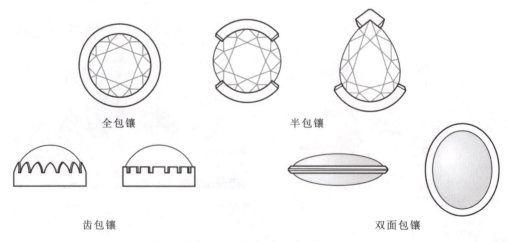

图5-10　包镶的类型

(1)根据镶嵌后的镶边是否完全围绕宝石,可将包镶分为全包镶和半包镶。全包镶是镶边完全环绕宝石一圈完成镶嵌,根据镶边的形态又可以分为齿包镶、双面包镶等类型。齿包镶的镶边具有类似镶爪的结构,用于固定宝石;双面包镶大都用于水晶、玛瑙等中档宝石,以及珐琅、瓷片等装饰材料(图5-11)。半包镶可以使部分宝石裸露出来,既能够牢固地固定宝石,又可以增强装饰效果。

图5-11 应用双面包镶的珐琅片吊坠

(2)根据镶嵌时使用的工具不同,可将包镶分为敲击包镶和压边包镶。敲击包镶是使用镶石錾敲击镶边使金属变形从而将宝石固定,需要的力度相对较大,适合稳定和相对稳定的宝石。压边包镶使用的镶边较薄,可以通过使用玛瑙刀、钢压或推刀将镶边向宝石方向挤压而完成镶嵌,镶嵌时所需的力度较小,适合有裂纹或者不稳定的宝石(图5-12)。

图5-12 应用压边包镶方式制作的银饰

(3)根据镶边是否真正起到镶嵌作用,可将包镶分为真包镶和装饰包镶。真包镶是通过镶边受力变形来固定宝石。装饰包镶又称假包镶,其镶边不发生变形,而是用胶将宝石粘贴在镶嵌结构中。这种方法适用于裂纹较多和工艺性能不稳定的宝石,如欧泊、贝母,以及低档的镶嵌材料,如玻璃、瓷片等(图5-13)。

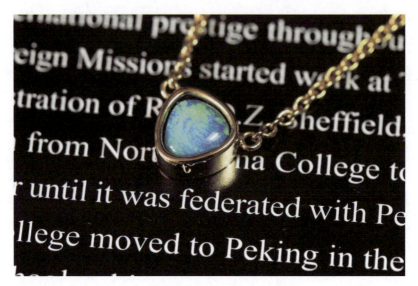

图5-13 应用装饰包镶方式制作的欧泊吊坠

5.3 珠镶

珠镶也是一种古老的镶嵌方法。可以说,自人类掌握打孔技术之后,珠镶工艺就出现了。在罗马时代晚期,工匠们用金丝穿过宝石,然后将两端缠绕起来完成镶嵌,再将这些结构首尾相互穿缀起来制作成项链、耳坠、戒指等饰品。现代的珠镶又称针镶、插镶、打孔镶,珠镶工艺操作简便、快速,用胶将打过孔的宝石粘接在镶针(细金属丝)上即可完成镶嵌(图5-14)。

珠镶的适用范围非常广泛,珠型和异型的宝石打孔后都可以采用这种镶嵌方式,以珍珠居多,故此得名。珠镶这种镶嵌方式对宝石的遮挡非常少,因此能够突出宝石的特征。同时由于在镶嵌过程中几乎没有任何机械力量和热量参与,因此即使是最不稳定的宝石也可以通过这种方法进行镶嵌。

常见首饰镶嵌类型及特点 第 5 章

图 5-14　珠镶首饰

　　珠镶的类型相对较少,根据宝石打孔的深度,可以分为半孔珠镶和全孔珠镶。半孔珠镶的打孔深度一般为宝石高度的 1/3 或 1/2,镶嵌时在镶针上涂抹 AB 胶,然后将其插入宝石孔洞中固定,即可完成镶嵌(图 5-15)。全孔珠镶的孔洞在宝石内是整个贯通的,镶嵌时可以穿入金属丝将宝石两端固定,也可以将金属丝一端通过胶粘、烧结或者外力击打变形的方式进行固定,从而完成镶嵌(图 5-16)。

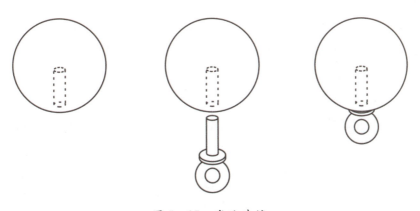

图 5-15　半孔珠镶

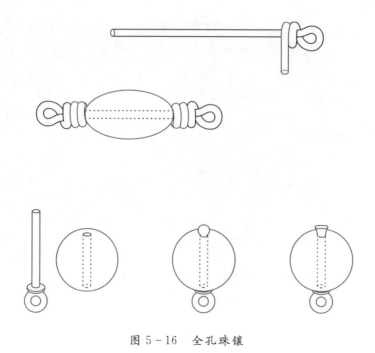

图 5-16 全孔珠镶

5.4 壁镶、轨道镶

壁镶与轨道镶都是通过挤压宝石两侧的金属边来固定宝石的镶嵌方法。壁镶一般针对的是单颗宝石,作为主石镶嵌工艺时可以突出宝石,作为配石镶嵌工艺时可以将镶口进行拼接组合,搭配非常自由。轨道镶又称迫镶、槽镶,是通过两条镶边同时固定多粒宝石的镶嵌方法。这种镶嵌方法将多颗宝石并排镶嵌,可以使宝石呈现直线、弧线、渐变甚至块面形的效果。轨道镶大都作为配石镶嵌方法,用以突出主石的价值和重要地位(图 5-17)。

1. 壁镶、轨道镶的特点

壁镶和轨道镶都是很具现代感的镶嵌方式,适合大多数刻面宝石,如钻石、祖母绿、红蓝宝石、石榴石以及应用较晚的沙弗莱石等,一般方形、梯形宝石居多,素面宝石也会偶尔出现在壁镶和轨道镶饰品中。这两种镶嵌方式可使饰品表面平滑,不会轻易钩挂到衣物,而且牢固安全,不易损坏。

早在文艺复兴时期,工匠们就开始将切割成方形的钻石镶嵌在一起,制作成各种字母组合的坠饰,这大概可以认为是轨道镶的鼻祖了。20 世纪初,随着宝石切割工艺的进步,特别是机械切割方式的发展,工匠们可以切割出更标准的方形、梯形宝石(图 5-18)。轨道镶便作为一种独具现代特色的镶嵌方式在这一时期普及开来,当时尤其流行的是轨道镶的手链,

图 5-17 轨道镶首饰

后来这种工艺逐步扩展到戒指、吊坠等首饰中。随着现代微镶技术的发展,镶嵌的宝石越来越小,镶嵌工艺也越来越精细。

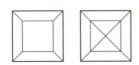

图 5-18 壁镶与轨道镶适用的宝石琢型

2. 壁镶、轨道镶的镶嵌结构及分类

1) 壁镶的镶嵌结构及分类

壁镶的镶嵌结构相对简单,种类也较少(图 5-19)。根据宝石的形状,壁镶可以分为圆形宝石壁镶、方形宝石壁镶等类型。根据镶嵌宝石的数量,它又可以分为单石壁镶、多石组合壁镶。单石壁镶一般作为主石镶嵌方法,镶嵌时采用敲击镶边的方法使金属镶边变形,从而固定宝石,操作方法与包镶、半包镶类似。多石组合壁镶通常作为配石的镶嵌方法,宝石呈散点状分布或环绕在主石周围。

2) 轨道镶的镶嵌结构及分类

轨道镶结构的剖面与壁镶类似(图 5-20),而轨道镶的类型更丰富一些(图 5-21)。根据宝石造型的不同,它可以分为圆形宝石轨道镶、方形宝石轨道镶。根据镶嵌轨道造型的不同,它又可以分为直线轨道镶、弧线轨道镶、渐变轨道镶。根据轨道的数量,轨道镶还可以分为单轨镶、双轨镶以及多轨镶等方法。

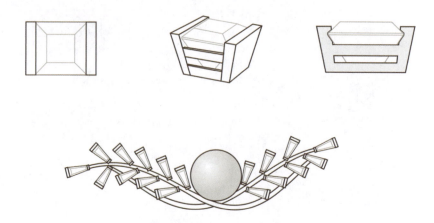

图 5-19 壁镶的镶嵌结构及应用壁镶工艺的饰品

轨道镶适合小颗粒宝石的组合镶嵌,这种镶嵌方法对宝石的切工要求较高,需要宝石大小一致,尤其是弧线轨道镶及渐变轨道镶需要对大量的宝石进行筛选才能制作出满意的效果。

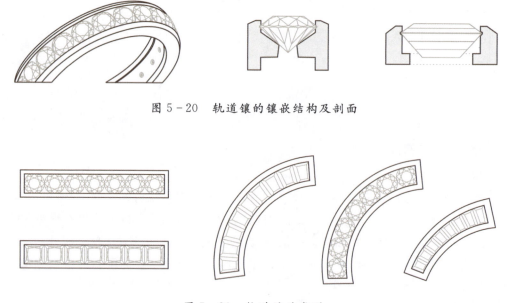

图 5-20 轨道镶的镶嵌结构及剖面

图 5-21 轨道镶的类型

除此之外,壁镶、轨道镶也经常随着设计款式及造型的变化而发生改变,有时还与爪镶等方式相结合产生新的镶嵌方式(图 5-22)。

常见首饰镶嵌类型及特点　第 5 章

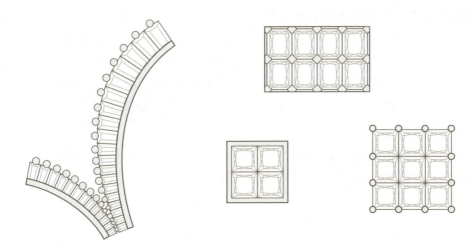

图 5-22　轨道镶和壁镶的其他镶嵌形式

5.5　钉镶

1. 钉镶的工艺特点

钉镶是一种直接在金属上制作出钉爪并镶嵌宝石的工艺方法。钉镶的镶嵌工艺与爪镶类似，但因其镶爪很小，像一颗颗的小钉而得名。钉镶主要作为配石镶嵌方法，尤其适用于直径小于 3mm 的宝石。再小一些的宝石镶嵌时可以在显微镜下操作，因此称为显微钉镶或微钉镶。钉镶既可以根据金属表面的起伏排列出等宽或者渐变的线条，又可以使用不同尺寸、不同颜色的宝石进行大面积镶嵌，使整个金属表面呈现出华丽璀璨的装饰效果（图 5-23）。

图 5-23　钉镶首饰

67

首饰镶嵌工艺基础

17 世纪时,工匠们就将小颗粒宝石镶嵌成几何图形或者围绕大颗粒彩色宝石进行镶嵌。随着宝石切割技术的进步,18 世纪时,小颗粒宝石的镶嵌技术也逐步成熟,钉镶技术便发展起来。20 世纪后,工匠们广泛应用了 K 金、铂金等更坚硬的合金材料,可以制作出更小、更精细的镶爪,钉镶工艺也由此从普通钉镶逐渐发展到在显微镜下完成的微钉镶。20 世纪 90 年代前后,微钉镶工艺传入我国,并成为主流的配石镶嵌方法。

2. 钉镶的分类

钉镶的种类丰富,特别适合小颗粒宝石的排布,在镶嵌时可以根据宝石的特征、饰品的造型与色彩及装饰的需要进行自由选择(图 5-24)。

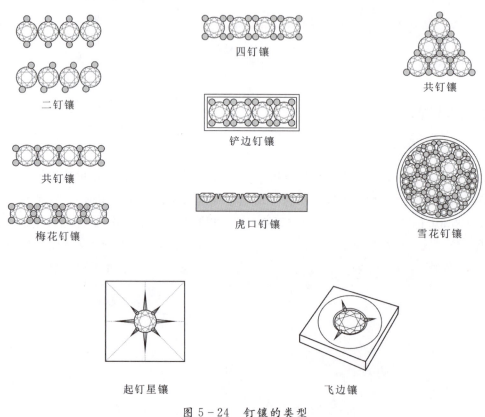

图 5-24　钉镶的类型

根据镶钉的数量和应用形式,钉镶可以分为二钉镶、共钉镶、四钉镶等。

根据宝石的大小及排列方式,钉镶可以分为规则线形钉镶、渐变线形钉镶以及雪花钉镶。规则线形钉镶是将等大的宝石镶嵌起来排列成线形。渐变线形钉镶按照宝石大小的渐变规律进行排列镶嵌,形成富有变化的直线或曲线。雪花钉镶是将大小不同的宝石进行随机组合镶嵌,使之排列形成图案或者铺满整个装饰面。

根据钉爪的制作方式,钉镶可以分为起钉镶嵌和雕刻钉爪镶嵌。起钉镶嵌是将镶嵌结构周围的部分金属挑高形成钉爪,然后将宝石抓紧,早期的钉镶及起钉星镶、飞边镶经常使用这种方式。雕刻钉爪镶嵌是使用铲刀、车针等工具切削金属结构形成钉爪,铲边钉镶、虎口钉镶等流行的镶嵌方式都归属此类。

5.6 抹镶、管镶

抹镶与管镶都是适用于小颗粒宝石的快速镶嵌方法(图5-25)。抹镶又称吉普赛镶、光圈镶、压边镶等,是将宝石置入镶嵌结构后,通过钢压、吸珠针等工具将金属边缘压低变形而固定宝石的镶嵌方法。根据使用工具的不同,抹镶可分为钢压抹镶和吸珠抹镶。

管镶,顾名思义是将宝石放入管状的镶嵌结构中,再使用专用的工具将金属的管壁压向宝石,从而固定宝石的方法。

图5-25 抹镶(左)与管镶首饰(右)

两种镶嵌方法都非常便捷、迅速,适用于小颗粒宝石的镶嵌,尤其适合散点式排列的布局方法。但两者的应用工具和镶嵌结构略有不同:抹镶使用的工具是钢压和吸珠针,管镶则使用专用工具;抹镶的适用范围更广泛一些,可以在金属平面上应用,而管镶的镶嵌结构要略高于首饰的其他金属结构,以便于使用管镶工具完成镶嵌操作。

5.7 隐秘镶

隐秘镶是在轨道镶基础上演变而来的镶嵌方法,又称密镶、无边镶、不见金镶。镶嵌时需要在宝石相应的位置上刻槽,然后排入特制的轨道中,再通过挤压金属边,使金属与宝石相互承力而起到支撑和固定的作用。镶嵌完成后,饰品观赏部分均看不见金属镶嵌结构。

首饰镶嵌工艺基础

隐秘镶是梵克雅宝发明的特色镶嵌工艺,由于制作过程相当复杂,因而它一经发明便在珠宝首饰界引起了极大的轰动。随着现代加工技术的不断发展,这种镶嵌方法也逐步普及并应用到各种时尚首饰中(图5-26)。

图5-26 隐秘镶首饰

隐秘镶工艺在发明之初只能用于镶嵌硬度较高、韧性相对较好的红蓝宝石,后来逐步扩展到钻石、祖母绿、沙弗莱石等宝石。该工艺对宝石色泽及琢型要求相当苛刻,宝石的色泽、琢型都要经过严格筛选,组合到一起不仅颜色要协调并且宝石之间不能留出缝隙。镶嵌之前要在宝石腰棱之下刻槽,刻槽高度也要完全一致,否则会影响宝石整体的平整度(图5-27)。由于在宝石腰棱下刻槽会减少宝石的质量,并且过多的切割会影响宝石的牢固度和反光效果,因此后期的一些隐秘镶作品只在宝石腰棱的四个边角之下刻槽,这样既不影响宝石的牢固度,也不影响宝石表面的观赏性。

图5-27 宝石刻槽

运用隐秘镶工艺时,需要将宝石和镶嵌框架相匹配(图5-28),因此对宝石刻槽的位置要求相当严苛。若所镶嵌宝石的高度、尺寸一致,就可以通过机械切割的方式批量刻槽,这样准确又高效,而当宝石形状不规则且镶嵌结构变化较大时,则只能用手工切割的方法刻槽,因此更加考验工匠的加工能力。在现代工艺中,可以借助计算机进行金属造型的设计和创作,因此隐秘镶工艺的结构可以更加精确,作品的造型也更加丰富。

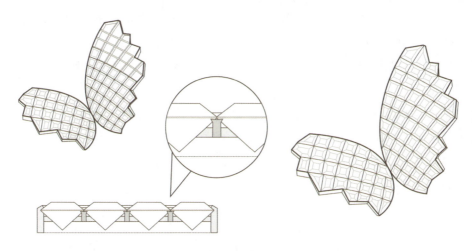

图 5-28 隐秘镶工艺的镶嵌结构及剖面示意图

5.8 其他镶嵌方式

1. 蜡镶工艺

蜡镶工艺是将宝石镶嵌在蜡模上，然后通过失蜡铸造的方式浇铸成金属坯件的工艺方法，宝石在铸造完成之后也随即镶嵌在金属坯件上（图 5-29）。蜡镶工艺出现在 20 世纪 90 年代左右，是在传统铸造工艺的基础上进行创新的工艺方法，适用于镶嵌大量宝石的饰品，能够降低生产成本。

图 5-29 蜡镶的操作

蜡镶工艺对宝石及金属材料的要求较高。宝石不能有任何裂纹,而且在高温的铸造环境中不能发生变化,因此该工艺只适用于一些在高温下性质相对稳定的宝石,如钻石、红蓝宝石、合成立方氧化锆等。饰品主要应用金属为925银、K金材料以及一些特制的合金材料。运用蜡镶工艺可以快速完成大面积宝石镶嵌,因此它经常被应用于首饰企业的量化生产中。

2. 绕镶

绕镶即缠绕镶嵌,是根据宝石的形状,使用金属丝对宝石进行缠绕并将之固定的方法。这种方法可以使用不同类型的金属丝进行编织、缠绕以达到自由造型的艺术效果,使用工具较少,经常与串珠的方法相结合,深受广大DIY爱好者的喜爱(图5-30)。

图5-30 绕镶饰品

3. 限位镶嵌

限位镶嵌可应用于珠型或异型宝石,先用金属制作出固定或限制宝石活动范围的结构,宝石镶嵌后在结构中有一定的活动空间,但不会轻易脱落(图5-31)。运用这种镶嵌方式时,可以根据宝石的尺寸设计出镶嵌结构,制作完成后,可以用钳子将镶嵌结构稍微打开一点,将宝石置入,然后再将镶嵌结构恢复原状。也可以预留出焊接位置,待宝石置入后,通过激光点焊或者低温焊接的方式将镶嵌结构封闭,以限制宝石的活动空间。

4. 张力镶嵌

张力镶嵌是德国Niessing公司发明的镶嵌方式,其原理是利用金属自身的弹性将宝石卡在镶石位上,镶嵌时需要将金属撑开后置入宝石(图5-32)。这种镶嵌方式对金属的硬度、弹性及宝石的稳定性都有一定的要求,以确保在日常的佩戴过程中宝石不会脱落或破损。

总之,首饰镶嵌是一种将金属和其他材料完美结合的工艺方法,它们各具特色,丰富了饰品的类别,在不断的传承发展过程中记录着每一个时代的技术特征及人们的生活方式和审美倾向。随着社会文化的发展和进步,首饰镶嵌工艺也在不断地创新、变化。

常见首饰镶嵌类型及特点 第5章

图 5-31 限位镶嵌

图 5-32 张力镶嵌

第 6 章

镶嵌结构的制作及镶嵌方法

6.1 爪镶

爪镶的镶嵌结构也称爪镶镶口,其制作过程一般包括镶爪的制作、镶石座的制作以及拼合焊接形成整体三个步骤。

镶爪可以通过金属锻打、拔丝、锉磨等方式获得,镶爪的长度和直径要根据所镶嵌宝石的尺寸、性质以及所使用贵金属的性质来确定。其长度要略高于宝石台面,宝石尺寸与镶爪直径大致对比关系如表6-1所示。

表6-1 宝石尺寸与镶爪直径的对照关系

宝石直径(mm)	镶爪直径(mm)	宝石直径(mm)	镶爪直径(mm)
1~1.5	0.3~0.6	1.5~3	0.6~0.8
3~5	0.8~1.0	5~8	1.0~1.2
8~10	1.2~1.5		

注:表格中镶爪直径参数以925银为参考材质,实际制作时可以根据宝石性质及金属种类略作调整。

单层镶石座大都以宝石腰部的形状为依据,通过卷曲或弯折金属条获得。根据其上下口径的特征,镶石座可以分为直筒形和桶形。直筒形镶石座外围上下口径都一致,以圆形宝石的直筒形镶石座为例(图6-1),它可以由长方形的金属条卷曲而成。桶形的镶石座上口径略大于下口径。制作圆形宝石的桶形镶石座时,可以先将金属条弯折成扇弧形,然后卷曲成型(图6-2,适合制作较小宝石的镶石座),也可以直接锯切出扇弧形材料,再卷曲成型(适合制作较大宝石的镶石座)。制作方形宝石的桶形镶石座,需要先锯切出相应结构的金属片,再在折叠位置刻槽,然后弯折成型(图6-3)。

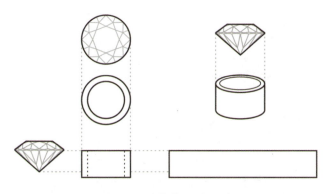

图 6-1　直筒形镶石座

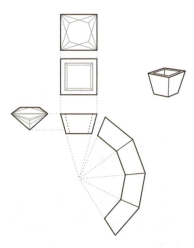

图 6-2　圆形宝石的桶形镶石座　　　图 6-3　方形宝石的桶形镶石座

镶石座的尺寸同样由宝石决定。爪镶镶石座的外径要等于或略小于宝石的直径,镶石座金属的厚度在0.6～1.2mm之间,根据其造型特点和所使用的金属略有不同。平底弧面宝石的镶石座相对简单,能够承托住宝石即可。刻面宝石镶石座的底边与宝石亭部尖端要保持0.5～1mm的距离,这样可以保护尖端,避免其受外力撞击而损坏(图6-4)。

6.1.1　单层桶形镶口的制作

单层桶形镶口是爪镶中常用的镶嵌结构,主要由镶爪和桶形镶石座组合焊接而成,下面以圆形刻面宝石的镶口为例展示其制作过程(图6-5)。

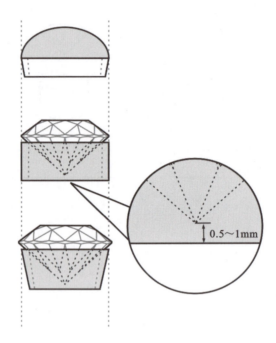

图 6-4　镶石座高度示意图

图 6-5　单层桶形镶口效果

✦ **准备材料**

直径为 10mm 的宝石；长 60mm、宽 5mm、厚 1.2mm 的金属条（金属条的宽度要等于或略大于宝石的高度，防止露底）；直径为 1.2mm 的金属丝。

单层桶形镶口的制作

镶嵌结构的制作及镶嵌方法　第❻章

✨ 制作步骤

(1)准备好所需材料,将金属条加热退火后,使用圆嘴钳将材料向上弯折,形成扇弧形(图6-6)。

图6-6　备料并弯折金属条

(2)根据宝石的大小,使用圆嘴钳将金属条卷曲;卷曲时用力要均匀,尽量使造型规整并符合宝石腰围的尺寸;用锯条去除多余的金属后,再使用圆嘴钳或尖嘴钳将断口对齐,以便于后期焊接(图6-7)。

图6-7　卷曲金属条并锯切

(3)将宝石放在镶石座上对比观察,镶石座的外径应等于或略小于宝石的直径,若不符合要求,可以使用锯条或锉刀继续调整,直到大小合适(图6-8)。镶石座尺寸调整完毕后将断口锯切整齐(参见79页"步骤详解:锯切镶石座断口")。

图6-8　调整镶石座尺寸

首饰镶嵌工艺基础

(4)将镶石座加热焊接,焊接完成后可以使用冲头或者镶石座专用校正工具将上下口径调整至正圆(参见80页"步骤详解:镶石座的校正");校正完毕后使用锉刀、砂纸将金属打磨平滑(图6-9)。

图6-9 校正并打磨镶石座

(5)利用圆周等分对照图(参见196页附录1)将镶石座等分为4份,并使用记号笔做好标记;在标记处使用三角锉刀各锉出一道凹槽,一方面可以在焊接镶爪时作为定位标记,另一方面也可以使镶爪焊接得更加牢固。凹槽的宽度不能超过镶爪的直径,深度大约为镶石座厚度的1/3;剪切出等长的4段金属丝作为镶爪(图6-10)。

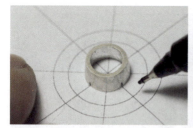

图6-10 标记镶爪位置并准备镶爪

(6)使用反弹夹或者葫芦夹将镶石座固定在焊台上,将镶爪依次焊接到镶石座上(图6-11)。也可以使用细铁丝或石膏将镶石座与镶爪固定后整体焊接(参见80页"步骤详解:镶爪的焊接")。

图6-11 焊接镶爪

(7)焊接完毕后,使用白矾水对镶口进行煮洗以去除硼砂及氧化物;使用锉刀、砂纸将金属打磨平整、光亮(图6-12)。

图6-12 打磨并完成镶口制作

★ 步骤详解:锯切镶石座断口

焊接镶石座时其断口必须整齐,原因有两个方面:一是在焊接时便于焊料流动;二是可以提高焊接成功率,节省后期补焊、打磨工序所耗费的时间。操作时用锯条沿缝隙锯切一遍,观察断口是否吻合,如果没有达到要求,则使用尖嘴钳将断口缝隙缩小后再锯切一遍,重复操作直至符合要求,其步骤如图6-13所示。这种方法也可以用来调整镶石座的大小。

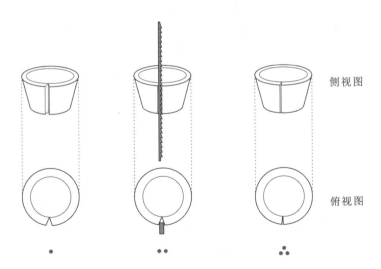

注:图中点号为操作顺序示意,后同。

图6-13 锯切镶石座断口步骤

首饰镶嵌工艺基础

✦ 步骤详解：镶石座的校正

校正镶石座是手工制作镶嵌结构时必备的工艺流程。在镶石座造型相对规整的情况下，可以按照上文的方法，使用冲头稍稍调整即可。若需要获得造型更加标准的镶石座，可以使用专用的校正工具，操作步骤如图6-14所示。

图6-14　镶石座的校正

根据宝石尺寸将镶石座放置在校正工具相应的孔洞中，敲击冲孔工具的尾端，可将镶石座逐步塑造成所需的造型。

✦ 步骤详解：镶爪的焊接

镶爪的焊接方法可以分为3种：普通焊接、简便焊接、石膏固定焊接。

普通焊接即在镶石座上标记出镶爪位置并刻槽，将每个镶爪分别焊接到镶石座上，操作时将焊料粘接在镶爪的侧面，然后紧贴镶石座加热并完成焊接（图6-15）。焊接时持握焊夹的手一定要保持稳定，以保证焊接的精确性。

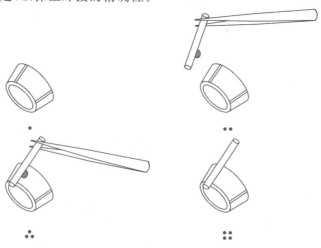

图6-15　普通焊接

简便焊接适用于配石镶嵌结构的制作,这种方法操作简便,可以快速获得爪镶的镶嵌结构,其具体操作如下。

(1)将两根镶爪材料垂直放置并将其连接部分焊接起来,用锤子或镶石錾将焊接位置敲平,使两根镶爪材料处于同一平面上,将镶石座放置在镶爪材料上(图6-16)。

(2)将镶石座与镶爪结合的位置一一焊接,使用锯条在焊接的位置锯出切口后将镶爪向上弯折(图6-17)。

四爪镶口的简便焊接方法

  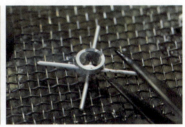

图6-16 组合镶爪

图6-17 固定镶爪并进行弯折

(3)将镶爪与镶嵌结构焊接牢固,然后使用锯、剪钳将多余材料去除以形成完整的镶嵌结构(图6-18)。

图6-18 焊接镶爪并调整其长度

石膏固定焊接即使用石膏将镶石座与镶爪固定之后进行焊接。利用这种方法制作的镶嵌结构更加精致、标准,具体操作如下。

(1)准备好镶爪与镶石座,分别将各个部件摆放在胶泥上,调整位置后使用502胶将部件固定在一起(图6-19)。

石膏固定焊接四爪镶口

(2)将固定好的镶嵌结构倒扣在未凝固的石膏浆中,底部要露在石膏外面;待石膏凝固并干燥后将镶爪与镶石座分别焊接在一起,去掉石膏之后就可以完成镶嵌结构的制作(图6-20)。

图6-19　在胶泥上固定镶口部件

图6-20　固定镶口并进行焊接

6.1.2　方桶形镶口的制作

方桶形镶口由角爪和方桶形镶石座焊接而成,这种镶口可以通过金属折叠或者拼焊的方式来实现。通常情况下,折叠的方式最为便捷,下面以长方形宝石为例展示其制作过程。在制作之前先要测量宝石的边长并根据边长绘制出镶石座的展开图(图6-21)。

✦ 准备材料

尺寸为长15mm、宽11mm的长方形宝石;厚度为0.6mm和0.9mm的金属片。

镶嵌结构的制作及镶嵌方法 **第 6 章**

图 6-21　方桶形镶口图纸绘制及效果

✦ 制作步骤

（1）取用厚度为 0.6mm 的金属片，根据图纸锯切出所需的形状；使用三角锉在需要折叠的地方沿折叠线锉出凹槽，凹槽的角度要略大于 90°（参见 84 页"步骤详解：折叠凹槽及角爪的制作"）（图 6-22）。

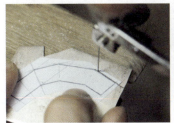

图 6-22　锯切金属片并锉磨折叠线

（2）将金属片弯折后，焊接折叠处及接缝处，再使用锉刀及砂纸将镶石座的各个面打磨平整（图 6-23）。

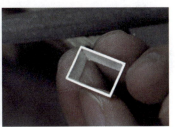

图 6-23　折叠金属片并焊接、打磨

83

(3)将厚度为0.9mm的金属片分割为4份,作为制作角爪的材料;用三角锉将每个金属片中间锉出角度略大于90°的凹槽,使用尖嘴钳将金属片分别弯折为90°的角爪(图6-24)。

图6-24 制作角爪

(4)将镶爪锉磨平整并分别焊接到镶石座上组合成镶口,焊接时可以使用铁丝捆绑或者使用葫芦夹作为支撑;焊接完成后用锉刀及砂纸将镶口打磨平整(图6-25)。

图6-25 焊接、打磨镶口

✦ 步骤详解:折叠凹槽及角爪的制作

方形镶石座的4个角均为90°,但在制作折角时,锉出的凹槽的角度要略大于90°,这样折叠处可以留出一点缝隙,以便于后期焊接时焊料的流动(图6-26)。同样,祖母绿型及其他多边形宝石的镶石座角度要根据宝石的形状来确定。需要注意的是,925银及K金材料的韧性略差,因此不能重复弯折,防止金属断裂。

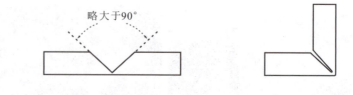

图6-26 镶石座及角爪的折叠凹槽

角爪是方形、马眼形、水滴形以及心形宝石常用的镶爪样式。上文中所提到的将金属材料折叠是最便捷的角爪制作方式,若需要更标准的角爪,可以通过拼焊的方式获得,具体操作如下:制作两根金属条,使用铁丝将材料捆绑固定后焊接,焊接完成后就可以分割为几段标准的角爪(图6-27)。

图6-27　通过拼焊的方法制作角爪

利用拼焊方法也可以制作出马眼形、四边形、六边形的镶石座,镶石座完成后再焊接角爪即可获得标准的镶嵌结构(图6-28)。

图6-28　通过拼焊方法制作镶石座及镶口

6.1.3　拼焊四爪、六爪镶口的制作

拼焊四爪、六爪镶口效果如图6-29所示。在制作过程中,通常用石膏来固定以便焊接,有时为了提高制作效率,也可以借用一些常见的工具,如十字螺丝刀、六角螺丝刀作为辅助。

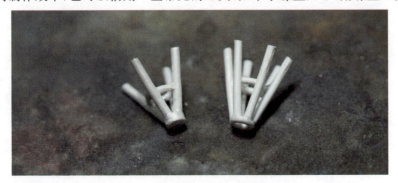

图6-29　拼焊四爪、六爪镶口效果

首饰镶嵌工艺基础

✤ 准备材料

直径为 1.2mm 的金属丝;金属圈环;厚度为 1mm 的圆形金属片;十字螺丝刀、六角螺丝刀。

拼焊四爪、六爪镶口的制作

✤ 制作步骤

(1)准备 4 段用作镶爪的金属丝以及一把十字螺丝刀,将金属丝卡在螺丝刀的凹槽中并使用铁丝捆绑牢固;金属丝外侧要相互搭接,搭接处作为镶口的底部,固定完毕后使用焊枪将底部焊接到一起(图 6-30)。

图 6-30 捆绑镶爪并焊接底端

(2)使用十字螺丝刀校正镶口造型,将底端打磨平整后,在 4 个镶爪等距离的位置画出标记点;用飞碟针在标记位置车削出凹槽以便于焊接金属圈(图 6-31)。

图 6-31 标记焊接位置并车削出凹槽

(3)焊接承托宝石的金属圈,这个金属圈即是宝石镶嵌时的镶石座;根据宝石尺寸修剪镶爪并将其底部锯短(图 6-32)。

(4)将底部锯切的位置打磨平整后,焊接一个圆片形底托,使镶口更加牢固、美观(图 6-33)。四爪镶口至此完成。

使用同样的方法,在六角螺丝刀的辅助下,也可以制作出六爪镶口(图 6-34)。

  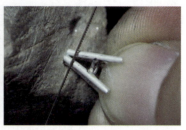

图 6-32 焊接金属圈并修剪镶爪

图 6-33 焊接底托

图 6-34 四爪镶口与六爪镶口

6.1.4 多爪雕刻镶口的制作

制作多爪雕刻镶口时,可以先制作出类似包镶的镶石座,然后再进行雕刻,其效果如图 6-35 所示。

图 6-35 多爪雕刻镶口效果

首饰镶嵌工艺基础

✲ 准备材料

直径为10mm的宝石;与宝石匹配的桶形镶嵌结构。

✲ 制作步骤

(1)根据宝石的尺寸制作两个桶形结构,大的结构作为主要的镶嵌结构,小的结构作为衬底;利用圆周等分对照图(参见196页附录1)在大的桶形结构上标记出8个等分位作为镶爪所在的位置(图6-36)。

图6-36 准备材料、标记等分位

(2)根据8处镶爪位置使用机剪或分规绘制出标记线,用锯将多余部分去除后使用锉刀将金属打磨平整(图6-37)。

图6-37 锯切金属并打磨

(3)使用铁丝将两个结构捆绑固定,将连接点逐个焊接后形成镶口(图6-38)。

图6-38 焊接镶口

6.1.5 爪镶的镶嵌方法

爪镶镶口完成后,需要将宝石放入其中检查镶嵌位置是否合适,根据实际情况进行调整、校正完毕再开展宝石镶嵌工作,其操作流程如下。

1. 入石并标记石位

将镶爪向外略打开一点(图 6-39),放入宝石之后使用记号笔或划线笔标记出镶石位。镶石位简称石位,是宝石在镶口中所处的位置,在爪镶的镶嵌过程中标记镶石位主要是标记宝石腰棱所在的位置,即图 6-40 中车槽线所在的位置。

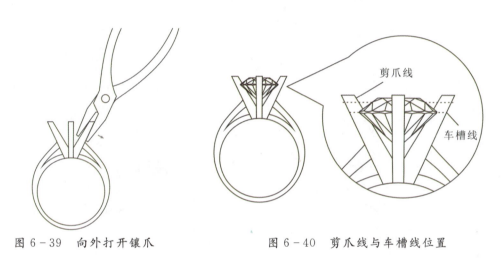

图 6-39　向外打开镶爪　　　图 6-40　剪爪线与车槽线位置

2. 车石位

根据车槽线标记的高度,使用伞针或飞碟针在镶爪内侧车出固定宝石腰棱的凹槽,称为车石位(图 6-41)。车槽一方面是为了使金属便于折弯,另一方面可以使宝石腰棱更加牢固地卡在凹槽内,折弯镶爪时宝石的位置也不容易发生变化。车槽线可以略低于宝石腰棱线,这样更利于稳固地镶嵌宝石。车槽的深度要根据宝石大小及宝石稳定程度等因素确定,车入镶爪直径的 1/4～1/3。对于脆性大或不稳定的宝石,其镶爪内侧凹槽应车得更深一点,以防止镶嵌时宝石过度受力而碎裂。

3. 入石镶嵌

将宝石轻轻压入车出的凹槽中称为入石。入石后,观察腰棱是否平整,台面有无倾斜。对于硬度较低或不稳定的宝石,要适当减小压入力度。将宝石位置调整妥当后,用尖嘴钳沿对角方向将镶爪挤向宝石,挤压金属时要注意力度,防止碎石(图 6-42)。为减少钳子对金属的损伤,可以在钳子表面缠绕一层胶布或使用爪镶专用的推刀操作。另外,弯折镶爪时也要考虑金属性能,尤其对于铸造镶口,应尽量一次镶嵌到位,不要反复弯折。

图 6-41　车石位

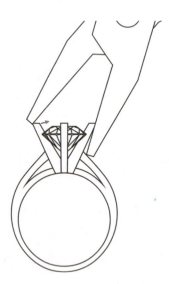

图 6-42　入石镶嵌

对于部分工艺性能较差的宝石,如有机宝石或者其他不稳定宝石,在制作镶爪时要考虑宝石的受力能力,镶嵌时可以选用相对较软的金属材料,如黄色K金或者925银。必要时也可以将镶爪处理成尖爪,并在抛光、电镀完毕之后再进行镶嵌。尖爪相对容易弯折,因此可以使用专用推刀或者尖嘴钳直接压向宝石以完成镶嵌(图6-43)。

4. 剪爪并修整

剪去多余的爪尖,剪爪的高度要综合考虑宝石和金属的工艺性能。通常情况下,爪尖应与台面齐平或者略低于台面,若太长则容易钩挂衣服,若太短则镶嵌会不牢固(图6-44)。剪爪后,使用锉刀或者砂纸对镶爪进行打磨。方爪、三角爪需要锉平,在保证造型完美的情况下,要尽量减少外缘的尖锐结构。对于圆爪,应使用吸珠针将镶爪顶部打磨平滑。对于硬

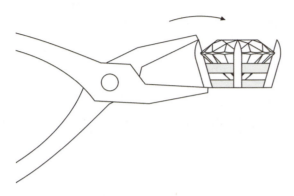
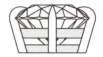

图 6-43 尖爪镶嵌

度高、工艺性能稳定的宝石,可以带石进行操作;对于低硬度的宝石,因在进行修整操作时宝石可能会受损,因此要注意保护。

图 6-44 剪爪

5. 抛光及后期处理

对首饰整体进行打磨、抛光,操作时要根据设计的要求,尽量将镶嵌结构打磨平滑(图 6-45)。对于稳定性较差的宝石,应当先将饰品抛光、电镀后再进行镶嵌。

图 6-45 打磨并完成镶嵌

6.2 包镶

包镶镶口比较简洁,制作时主要关注镶石座结构的变化。与爪镶镶石座不同的是,包镶镶石座的内径一般要略小于或等于宝石的直径,以便于后期制作镶石位或者焊接宝石的承托位置(图6-46)。

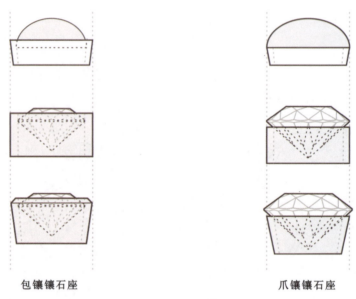

包镶镶石座　　　　　　爪镶镶石座

图6-46　包镶、爪镶镶石座的结构对比

对工艺性能稳定或相对稳定的宝石(如钻石、红蓝宝石等)进行镶嵌时,大都采用敲击包镶的方式。制作这种包镶镶口时,镶口的内径要略小于宝石的直径,所用金属也相对较厚(厚度为0.5mm以上),镶嵌时需要使用车针在镶口内部车切出镶石位(图6-47)。

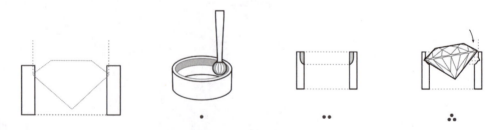

图6-47　工艺性能稳定或相对稳定宝石镶口的制作

对工艺性能不稳定的宝石或中低档宝石,如青金石、绿松石、欧泊等材料进行镶嵌时,可以采用压边包镶甚至装饰包镶的方式。制作这种包镶镶口时,镶口内径应等于宝石直径,所使用的金属一般都比较薄(厚度为0.3mm左右),可以通过焊接内衬或者底衬结构的方式获得宝石承托位置(图6-48)。

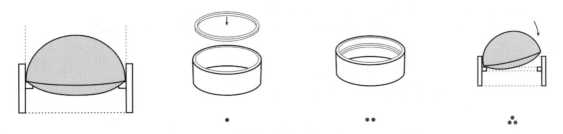

图6-48 使用焊接内衬的方法获得宝石承托位置

包镶镶口的高度取决于宝石的高度。宝石放入镶口之后,镶口的上缘即预留镶边的高度要合适,通常情况下高于宝石腰棱或者最大腰围处1~2mm(根据宝石的大小不同略有变化)(图6-49a)。若镶边预留太多,会过度遮挡宝石,另外在镶嵌时容易形成皱边;若预留太少,则会导致镶嵌不牢固。宝石的亭部尖端与镶口下缘应保持0.5~1mm以上的距离(图6-49b),一方面是为保护宝石,防止宝石亭部尖端因磕碰造成的损伤;另一方面可以防止划伤佩戴者。镶边的厚度取决于宝石的大小及使用金属的类型(图6-49c),通常为0.3~1.5mm,大致参数可以参考表6-2。

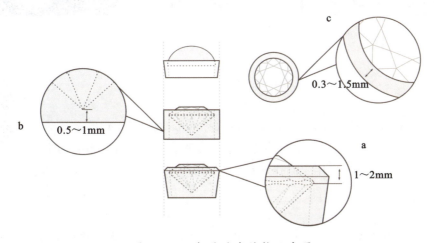

图6-49 包镶镶嵌结构示意图

首饰镶嵌工艺基础

表 6-2 宝石尺寸与镶边厚度的对照关系

宝石直径大小(mm)	包镶镶边厚度(mm)	宝石直径大小(mm)	包镶镶边厚度(mm)
1~1.5	0.3~0.5	1.5~3	0.5~0.7
3~5	0.7~1.0	5~8	1.0~1.2
8~10	1.2~1.5		

注：表格中镶边厚度参数以 925 银为参考材质，实际制作时可以根据宝石性质及金属种类略作调整。

6.2.1 平底弧面宝石包镶镶口的制作

平底弧面宝石的包镶镶口可以采用焊接底衬的方法来制作，效果如图 6-50 所示。

图 6-50 平底弧面宝石包镶镶口效果

✦ 准备材料

平底弧面宝石包镶镶口的制作

尺寸为 9mm×11mm 的宝石；长 45mm、宽 3mm、厚 0.6mm 的金属条（用于制作镶石座，在焊接技术熟练的情况下，可以直接使用厚 0.3mm 的金属条）；厚 0.5mm 的金属片（用于制作底衬）。

✦ 制作步骤

（1）准备好金属材料和宝石；使用尖嘴钳和圆嘴钳根据宝石大小将金属条弯折成椭圆形镶石座；使用锯条去掉多余材料（图 6-51）。

（2）根据宝石的大小调整好镶石座的形状与尺寸，使之与宝石外围完全贴合；将断口对齐后完成焊接，用圆嘴钳将金属圈校正成标准的椭圆形（参见 96 页"步骤详解：椭圆形及圆形镶嵌结构的校正")(图6-52)。

图6-51　弯折、锯切金属条

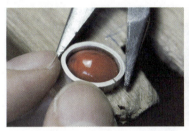

图6-52　焊接并校正镶石座

（3）使用锉刀及砂纸将镶石座打磨平整后,将其放置在底衬金属片上,并在内侧放置焊料完成镶口底衬的焊接；最后在底衬金属片上打孔以进行镂空并去除外围多余金属（图6-53）。将底部镂空可以减少金属用量。对于透明、半透明的宝石来说,镂空底部还可以使光线透过宝石,从而呈现出更好的视觉效果。

图6-53　焊接并完成底部镂空

（4）使用锉刀及砂纸将镶口打磨平整,并将镶口的口沿处斜向锉薄（参见96页"步骤详解：镶边的处理"）；最后使用砂纸将所有位置打磨平滑（图6-54）。

图 6-54　锉薄口沿并打磨镶嵌结构

✦ 步骤详解：椭圆形及圆形镶嵌结构的校正

椭圆形及圆形镶嵌结构在焊接完成后通常需要进行校正，最便利的方法是使用专用的镶石座校正工具，如果没有专用工具，也可使用圆嘴钳。将圆嘴钳夹在弧度有偏差的位置，用力挤压，便可以逐步调整该处的弧度（图6-55）。调整时，可以在圆嘴钳上包裹一层胶布，以减少其在金属上的印痕，节省后期修整所花费的时间。

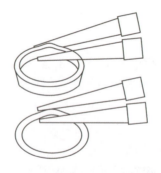

图 6-55　镶嵌结构的校正

✦ 步骤详解：镶边的处理

在镶嵌宝石之前，经常会将镶口的上缘即镶边位置斜向锉薄，打磨出一个斜面，这样既可以减少金属用量，增加视觉层次，也便于后期进行敲击或压边等操作（图6-56）。镶边的预留厚度可根据宝石的特性以及金属的硬度来决定，如果采用压边包镶等非击打类的镶嵌方法，可以将镶边打磨至厚0.3mm左右；如果采用敲击包镶的方式，则镶边可以略厚一点，将其打磨至厚0.5mm左右。

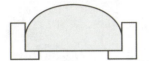 

图 6-56　将镶口的口沿斜向锉薄

6.2.2　尖底刻面宝石包镶镶口的制作

对工艺性能相对稳定的尖底刻面宝石进行镶嵌时,可以采用敲击包镶的方式,制作时选用的金属条也要略厚一些,效果如图 6-57 所示。

图 6-57　尖底刻面宝石包镶镶口效果

✦ **准备材料**

直径为 10mm 的宝石;长 60mm、宽 6mm、厚 1.5mm 的金属条。

✦ **制作步骤**

(1)根据宝石尺寸选择合适的金属材料,材料的宽度要略大于宝石的高度,防止宝石镶嵌时出现露底的问题;将金属条弯制成圆形镶石座,锯切掉多余金属并修整镶石座,使其内径略小于宝石的直径(图 6-58)。

(2)断口焊接完成后,使用冲头或其他工具对镶石座进行校正;使用锉刀、砂纸将其打磨平整后放入宝石进行观察,确保镶石座的尺寸符合要求(图 6-59)。

图 6-58　弯折、锯切金属条

图 6-59　校正、打磨镶嵌结构

6.2.3　其他类型包镶镶口的拼合方法

制作其他类型的包镶镶口时，可以根据宝石的尺寸和特点将金属材料进行拼接、折叠，最后焊接完成（图 6-60）。对于稳定性较差的宝石以及部分弧面宝石，可以使用薄金属片制作出镶口外轮廓后，再通过焊接内衬或底衬的方法制作出镶口（图 6-61、图 6-62）。

6.2.4　包镶的镶嵌方法

1. 压边包镶

压边包镶是通过钢压、玛瑙刀及推刀等工具将较薄的金属镶边压向宝石并使之固定的方法。由于压边包镶操作简便、快速，采用薄镶边又可以降低制作成本，因此这种镶嵌方式经常用于民族饰品中。压边包镶可以将金属完全抛光之后再进行镶嵌，避免了各种会产生高温的环节，因此非常适合镶嵌裂纹较多或者工艺性能不稳定的宝石，如质地较软、易碎的绿松石、青金石、欧泊，以及有机宝石如贝壳、珊瑚等。

压边包镶操作非常简便，将镶嵌结构处理完毕后放入宝石，使用钢压或推刀在镶口上缘慢慢滑动并均匀下压，口沿处的金属缓慢变形后即可将宝石扣紧（图 6-63）。

第6章 镶嵌结构的制作及镶嵌方法

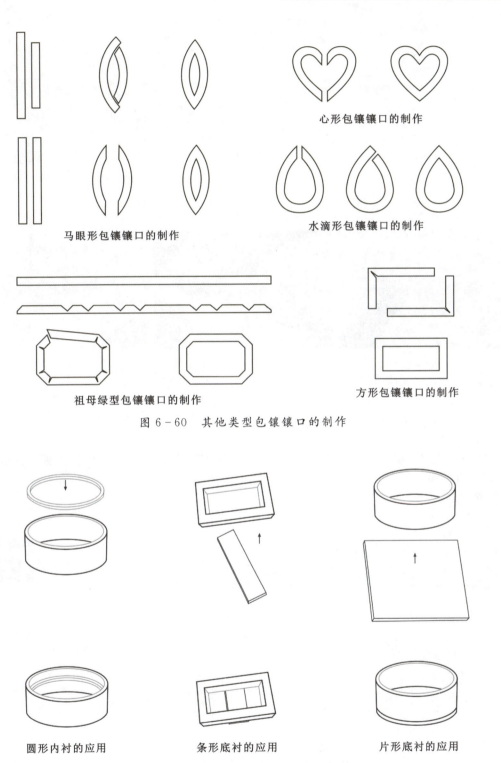

图 6-60 其他类型包镶镶口的制作

心形包镶镶口的制作

马眼形包镶镶口的制作

水滴形包镶镶口的制作

祖母绿型包镶镶口的制作

方形包镶镶口的制作

圆形内衬的应用　　条形底衬的应用　　片形底衬的应用

图 6-61 通过增加内衬、底衬的方法制作镶口

99

首饰镶嵌工艺基础

图 6-62 通过增加内衬、底衬制作的镶口

图 6-63 压边包镶

✦ **步骤详解：钢压及推刀的使用**

使用钢压进行镶嵌操作时，需要用钢压的尖端压紧镶边并左右滑动，迫使镶边逐步向宝石方向靠拢（图 6-64）。在镶嵌操作过程中，钢压的尖端要尽量避开宝石，否则硬度较低的宝石会被划伤。

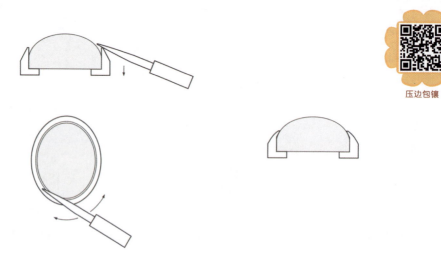

图 6-64 钢压包镶

使用推刀进行镶嵌时,要将推刀的半圆刀头斜向宝石方向,轻轻下压并左右摆动手柄将周围金属逐步压向宝石,直至整圈金属镶边将宝石牢牢固定即完成压边操作(图6-65)。

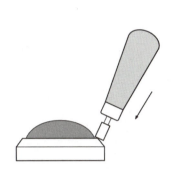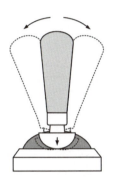

图6-65 推刀包镶

在包镶操作过程中,无论使用什么工具镶嵌,都要一圈圈逐步下压,不能一次压到底,否则容易出现皱边,影响镶嵌效果。镶嵌复杂的饰品时,需要用夹具或者火漆辅助固定后再进行操作,对于工艺性能不稳定的宝石要注意温度变化及压边的力度。

2. 敲击包镶

敲击包镶是通过锤子敲击镶石錾,使力量传导至金属镶边上,迫使金属镶边逐步压紧宝石并使之固定的工艺方法。这种镶嵌的镶边要略厚一些,同时在镶嵌过程中要经过锤打、敲击,因此用于敲击包镶的宝石要具备良好的硬度和韧性,能够承受一定的冲击力。敲击包镶的操作具体如下。

(1) 度石并车切镶石位(图6-66)。将宝石放入镶口并观察大小,先使用球针车削镶石位以便于将宝石放入镶口内,再用飞碟针在承托宝石腰棱的位置车出凹槽用于固定宝石(图6-67)。凹槽尺寸要与宝石相匹配(参见103页"步骤详解:镶石位的调整与宝石入位")。

图6-66 车切镶石位

(2) 使用锉刀将镶口的上缘外侧锉出一条小斜边(参见96页"步骤详解:镶边的处理");将其固定到火漆上,固定时要注意减少镶口内的火漆,留出宝石的位置;火漆硬化后将宝石入位(图6-68)。若是裂纹较多及对热量比较敏感的宝石,要使用其他方法固定。

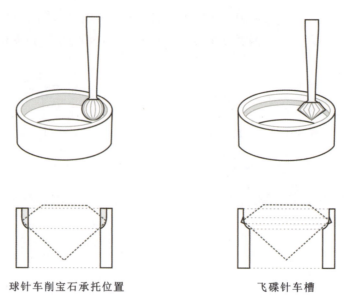

球针车削宝石承托位置　　　　　　飞碟针车槽

图 6-67　镶石位车切示意图

图 6-68　修边、上火漆、宝石入位

(3) 初步固定宝石(图 6-69)。使用镶石錾在镶口边缘两两相对的位置进行局部敲击,使金属挤向宝石并将宝石初步固定(参见 104 页"步骤详解:宝石的初步固定")。敲击时,镶石錾应略微倾斜,并使宝石各部分受力均匀,防止宝石移位或破裂。注意观察宝石并确保其处于镶口中央,台面保持水平。

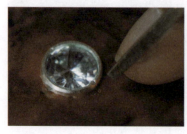

图 6-69　初步固定宝石

镶嵌结构的制作及镶嵌方法 第 6 章

（4）用镶石錾连续敲击镶边，敲击时镶石錾的錾头部分始终在镶口的边缘滑行，这样可以保证被敲击的位置相对平滑以减少后期打磨的工作量，同时也保证宝石受力均匀；持续操作直至宝石完全固定（图 6-70）。

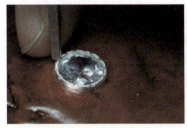

图 6-70　使用镶石錾完成镶嵌

（5）修整镶口（图 6-71）。先用锉刀将镶边打磨平整，然后使用铲针或铲刀将镶边的边缘处理平滑（参见 104 页"步骤详解：铲针的制作及使用"），最后使用砂纸、胶轮等工具将镶口打磨平整，为抛光做好前期准备。

图 6-71　修整镶口

✦ **步骤详解：镶石位的调整与宝石入位**

在车削镶石位及进行车槽操作的时候，一定要严格按照宝石的尺寸进行加工。宝石与镶石位的契合度是镶嵌成功与否的关键，因此要逐步车削，慢慢扩大，同时要注意宝石入位时的状态（图 6-72）。

对于硬度较大、韧性较好的宝石，如钻石、红蓝宝石，镶石位可以略小于宝石的腰围。宝石放好之后，稍用力下压，可以听到"啪"的一声，表明刚好将宝石卡入车槽位置，宝石入位之后会稍微晃动但不会掉出；对于硬度较小、韧性较差的宝石，如碧玺、祖母绿，要确保宝石能够较轻松地入位，并且在进行入石及镶嵌操作时，要避免压力过大造成宝石破裂。

首饰镶嵌工艺基础

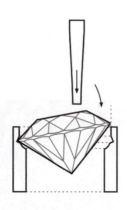
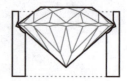

图 6-72 宝石的入位

🌟 **步骤详解：宝石的初步固定**

初步固定宝石时，需要使用镶石錾在镶边上两两相对的位置进行敲击（图 6-73），这样可以保证镶嵌时宝石始终处于镶口的中部，同时也可以防止宝石因单侧受力而发生偏斜。

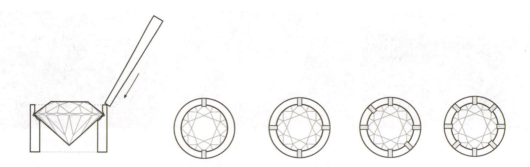

图 6-73 镶石錾的敲击方向及敲击顺序

🌟 **步骤详解：铲针的制作及使用**

铲针可以用来修饰镶嵌结构，在包镶镶嵌过程中尤其适合切削宝石边缘的多余金属，可以使镶边更加平整、光滑。铲针制作非常简便，选取直径为 0.6mm 左右的钢针，使用尖嘴钳将其针尖折断后，在金刚砂盘上磨制出扁平的尖端即可（图 6-74），两个平面的夹角可以在 30°~45°之间（图 6-75）。最后可以使用细砂纸或油石将两个小面打磨平整。

铲针使用方法：推动时要用左手拇指抵住右手（参见 119 页"步骤详解：铲刀持握方式及铲线方法"，铲针使用与此相同），防止铲针打滑造成意外扎伤。铲针要在镶边内侧贴紧金属和宝石，右手推动时缓慢旋转，使铲出的金属面平整光滑（图 6-76）。质地较软的宝石要尽量避开铲针，防止铲削金属时将宝石刮伤。

镶嵌结构的制作及镶嵌方法 第6章

图 6-74 铲针的制作

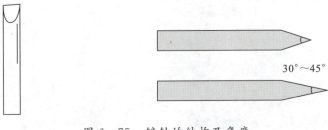

图 6-75 铲针的结构及角度

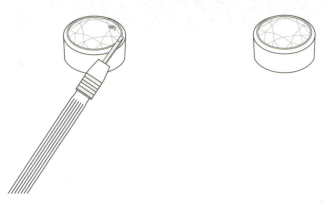

图 6-76 使用铲针铲削多余金属

6.3 珠镶

根据宝石的造型的不同,珠镶的镶嵌结构可以分为规则镶嵌结构和异型镶嵌结构。规则镶嵌结构适合造型平滑、规则的宝石,可以通过加工金属的方法直接制作,即用球针、坑铁等工具在金属上制作出凹坑作为宝石的固定位置,然后再焊接镶针。异型镶嵌结构需要随宝石的外形发生变化,通常需要采用雕蜡工艺或者三维扫描与计算机建模相结合的方法制作。

6.3.1 规则镶嵌结构的制作

规则的珠镶镶嵌结构对宝石的遮挡较少,由镶针、镶石座和连接环焊接而成,效果如图6-77所示。

图6-77 珠镶规则镶嵌结构效果

✦ **准备材料**

直径为8mm的珍珠;直径为3mm、0.8mm的金属丝。

✦ **制作步骤**

(1)将直径为3mm的金属丝一端锉平,根据珍珠镶嵌位置的弧度,使用球针在金属丝顶端打出凹坑(图6-78)。

 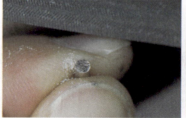 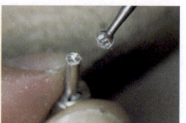

图6-78 修整材料、制作凹坑

(2)在凹坑的中心位置焊接一段直径为 0.8mm 的金属丝作为镶针,即珍珠镶嵌时的固定位置;用双头锁的一端将直径为 0.8mm 的金属丝锁紧,然后根据需要锯切直径为 3mm 的金属丝,这部分将作为镶嵌结构的镶石座(图 6-79)。

图 6-79　焊接镶针并锯切

(3)使用锉刀、砂纸将镶嵌结构的顶面打磨成平滑的圆弧面;准备一个圈环,该圈环用来连接瓜子扣、耳钩等首饰的功能结构;在圈环外侧附着焊料,以备后期的组合焊接(图 6-80)。

图 6-80　打磨镶嵌结构、制备连接环

(4)使用反弹夹将镶嵌结构固定并焊接圈环;将镶嵌结构取下并根据珍珠孔洞的深度调整镶针的长度,再用白矾水对镶口进行煮洗,最后用砂纸将金属打磨光亮,即完成镶嵌结构的制作(图 6-81)。

图 6-81　焊接圈环、煮洗镶口

6.3.2 异型镶嵌结构的制作

制作异型珠镶结构时,通常需要增加一些辅助的装饰造型,对于稳定性较高且对温度不太敏感的宝石来说,应用雕蜡工艺来制作镶嵌结构是最直接、最简便的方法。将蜡涂覆在宝石的表面即可获得完美贴合的装饰造型,同时在制作时可以一边修整,一边创作其他装饰部分(图6-82)。整个造型制作完毕后铸造成金属,然后在相应的位置焊接镶针,即可形成整体美观的镶嵌结构。

图6-82 通过雕蜡工艺制作的异型镶嵌结构(左图为蜡模,右图为成品)

需要注意的是,由于首饰蜡材的熔点较高,因此在操作时要格外注意那些带有裂纹或者耐热程度相对较差的宝石。为防止这些宝石过度受热发生破裂,操作时可以选用熔点较低的蜡材,同时尽量不要在宝石表面大面积包裹蜡液。在成本允许的情况下,也可以通过三维扫描的方法获得宝石的外形参数,然后通过计算机建模的方式获得完美的镶嵌结构。

6.4 壁镶、轨道镶

壁镶、轨道镶的镶口可以通过金属焊接、金属雕刻、雕蜡或者3D打印的方式获得。金属焊接是在金属部件制作完成之后进行拼合焊接,类似于爪镶、包镶镶口的制作方法。金属雕刻是直接在金属上雕刻出镶嵌结构的方法,适用于小颗粒宝石的镶嵌。利用雕蜡的方法可以直接在蜡模上制作出镶嵌结构,有时甚至可以将宝石直接镶嵌在蜡模中进行铸造,即是行业内所说的蜡镶工艺。3D 打印是指在计算机中快速而精确地设计出镶嵌结构并进行打印。由于壁镶和轨道镶这两种镶嵌方式大都用于镶嵌小颗粒宝石,因此下文中以金属雕刻作为镶嵌结构的主要实现手段。

1. 壁镶的镶嵌方法

(1)根据宝石的尺寸选择金属材料,材料宽度应与宝石宽度一致;确定切削区域,切削长度要略小于宝石长度(图 6-83)。

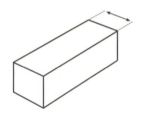

图 6-83　确定切削区域

(2)使用牙针车削或锯切的方式将多余金属去掉;用锉刀打磨平整后,再将镶口底部位置镂空,以减少金属用量并增加进入宝石的光线;在镶口底部再打磨出一层小斜面,这样既能增加装饰层次,也可以更加稳定地承托宝石(图 6-84)。

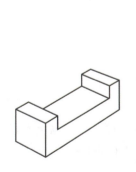
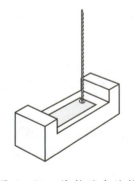
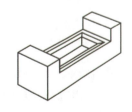

图 6-84　修整镶嵌结构

(3)标记出宝石镶嵌高度,并用飞碟针在镶口的两侧车槽以固定宝石的腰棱部分;将宝石安放平整,用镶石錾敲击镶边使其变形后将宝石固定;将镶边及镶口打磨平整即完成镶嵌(图 6-85)。

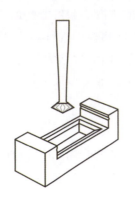

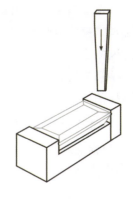

图 6-85　车槽并镶嵌

2. 轨道镶的镶嵌方法

（1）根据宝石大小选择金属材料；使用球针在金属上车削出镶石位，镶石位的总长度应略小于所有宝石宽度的总和，宽度略小于单颗宝石的长度；使用牙针将内表面打磨平整，4个角的位置可以用较小的牙针修整（图6-86）。

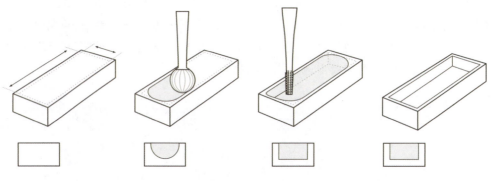

图 6-86　确定镶嵌位置、切削镶嵌结构

（2）用锯条或牙针将镶石位底部的金属镂空，每颗宝石对应一个镂孔；根据宝石的尺寸，使用飞碟针车出宝石腰棱的镶嵌位置；将宝石一颗一颗地置入镶嵌位置（图6-87）。入石方法见111页"步骤详解：轨道镶的入石方法"。

（3）将宝石排列整齐后，使用镶石錾敲击金属镶边以固定所有宝石；镶嵌完毕后可以使用锉刀将镶边锉出一个小斜面，用铲针去掉镶边上多余的金属，并将4个边角修整为直角。最后使用砂纸打磨抛光即可完成操作（图6-88）。

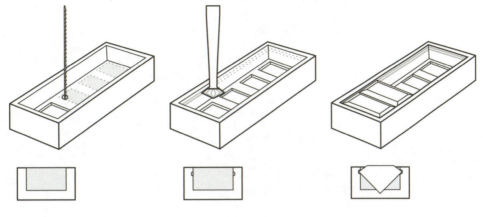

图 6-87 镂空镶石位、入石

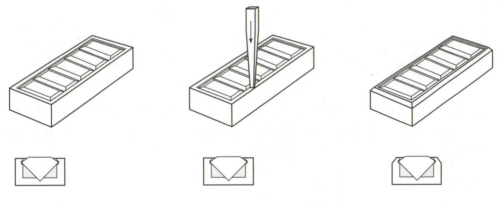

图 6-88 固定宝石并打磨边缘

✦ 步骤详解：轨道镶的入石方法

在轨道镶工艺中，需要根据宝石的工艺性能确定入石方法（图 6-89）。对于硬度较大、韧性较好的宝石，可以采用挤压入石的方法，即制作镶石位时有意使之略小一些，将宝石斜放在镶石位上，轻压台面后宝石刚好能够入位。而对于其他脆性较大或不稳定的宝石，可以在轨道的中间位置留一个稍大一点的入石口（用钳子将镶边稍微向外打开一点，或使用车针车削一部分金属，如图 6-89 中放大部分所示），镶嵌时将宝石从入石口置入后再推向其他位置，所有宝石入位后再敲击镶边进行复位并完成镶嵌。

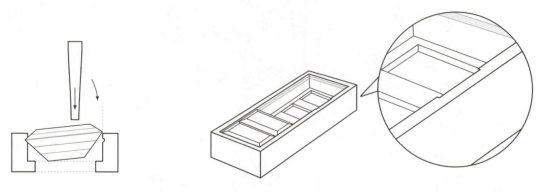

图 6-89 根据宝石的工艺性能确定入石方式

6.5 钉镶

6.5.1 钉镶的镶嵌方法

（1）排石定位（图 6-90）。根据宝石的尺寸、数量及金属材料的造型特征确定宝石镶嵌的方式，同时标记出宝石的镶嵌位置；定位过程中可以使用机剪或分规划出辅助线，同时要注意宝石之间的距离。

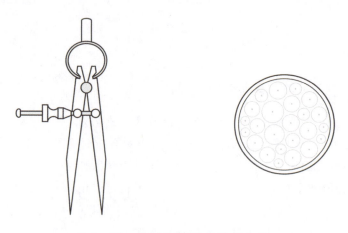

图 6-90 使用分规辅助排石定位

(2)打孔、制作镶石位(图6-91)。使用钻针、球针在宝石的定位点打孔并制作出凹坑作为镶石位。

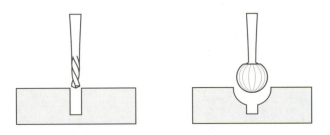

图6-91 使用钻针、球针制作出镶石位

(3)制钉(图6-92)。镶嵌较大宝石的时候可以用焊接的方式来制作镶钉,镶嵌较小的宝石则需要通过雕刻或者起钉的方法来制作镶钉;铲边钉镶及虎口钉镶都是使用铲刀及针具通过减地的方法在金属上雕刻出镶钉,而起钉镶是通过铲刀直接将金属挑高形成镶钉的工艺方法,如起钉星镶、飞边镶等。

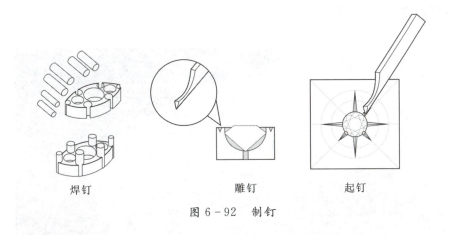

焊钉　　　　　雕钉　　　　　起钉

图6-92 制钉

(4)镶嵌并修钉(图6-93)。钉镶的镶嵌是将镶爪尖端压向宝石的过程。修钉是指用吸珠针或珠作针将镶钉修圆的过程。吸珠针通常用来处理较粗的镶钉,通过打磨即可将镶钉的顶端处理平滑。珠作针适合较细的镶钉,尤其是微镶钉,通过压迫的方式使镶钉变圆,同时在压迫金属的过程中可以使镶钉与宝石结合得更加紧密。镶钉表面圆润美观,首饰在佩戴过程中就不会钩挂衣物。

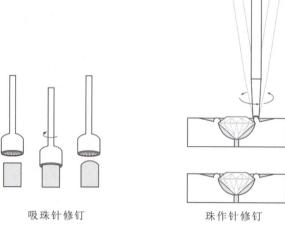

吸珠针修钉　　　珠作针修钉

图 6-93　修钉

6.5.2　铲边钉镶

应用铲边钉镶工艺时,需要使用铲刀在镶嵌结构的外围制作出围边,这样既可以保护镶嵌结构,又可以增强饰品的装饰效果,如图 6-94 所示。

图 6-94　铲边钉镶效果图

✦ 准备材料

长 24mm、宽 7mm、厚 3mm 的金属片;直径为 3mm 的宝石(为保证拍摄的清晰度选用直径为 3mm 的宝石,但在实际操作过程中,宝石直径大都小于 2mm)。

镶嵌结构的制作及镶嵌方法 第6章

✨ 制作步骤

（1）将废针磨尖之后可以制成简单的打点器，在镶嵌区域划好标记线并根据宝石尺寸打点定位，定位时要注意宝石间距（参见118页"步骤详解：宝石间距的控制"）；用钻针根据标记位置打孔后再用球针制作出镶石位（参见118页"步骤详解：球针的使用"），球针的尺寸要与宝石一致（图6-95）。

图6-95 确定镶嵌范围、制作镶石位

（2）在镶石位的周围画出矩形的辅助线，作为铲边时的参考线，使用三角铲刀在辅助线上铲刻出作为边线的凹槽，凹槽与镶石位紧挨但不要破坏其结构（图6-96、图6-97）。铲刀的使用参见119页"步骤详解：铲刀持握方式及铲线方法"。

图6-96 铲边

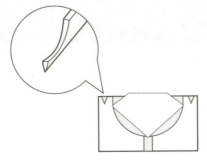 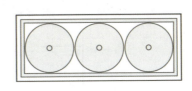

图6-97 铲边示意图

115

(3)使用平铲刀修整边线与石位之间的金属,使其高度低于整体金属面,操作时注意铲刻面要平整、光滑,并且不能破坏周围的其他金属结构(图6-98、图6-99)。

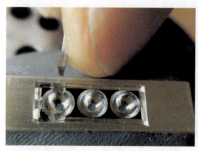

图6-98　使用平铲刀修整边线与石位之间的金属

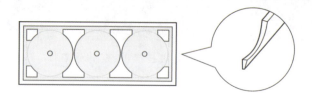

图6-99　铲刻示意图

(4)使用牙针(或球针、平铲刀)修整石位之间的金属,降低其中间区域的高度,剩余的部分就是镶钉的基础结构,即钉坯(图6-100、图6-101)。钉坯的尺寸可以根据金属、宝石的尺寸及工艺性能来确定。使用较硬的金属镶嵌工艺性能不稳定宝石的时候,钉坯余量要尽量小。相反,用较软的金属镶嵌直径较大且工艺性能稳定的宝石时,金属的余量可以多一些。

图6-100　用牙针修整石位之间的金属

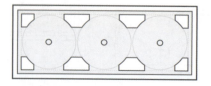

图6-101　镶边和钉坯示意图

（5）将宝石入位、压紧，宝石腰棱要略低于金属面，以保证镶钉有足够的弯折空间；用平铲刀或自制工具将宝石之间的钉爪分开，使其分别压向两侧宝石所在位置，即行业内所说的分钉，最边缘的镶钉也要使用平铲刀向宝石方向挤压，以保证宝石的稳定、牢固（图6-102、图6-103）。

图6-102 入石、分钉

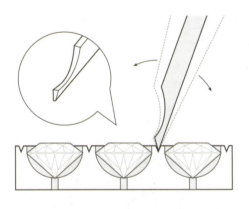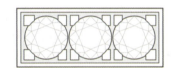

图6-103 分钉示意图

（6）分钉完毕后，使用珠作针将镶钉压圆，这样既可以增强视觉效果，便于抛光处理，又能够使镶钉压紧宝石，将金属和宝石更牢固地组合在一起（图6-104、图6-105）。

图6-104 压钉

首饰镶嵌工艺基础

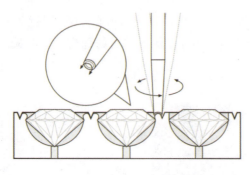
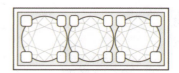

图 6-105　压钉示意图

★ 步骤详解：宝石间距的控制

宝石的间距由宝石的尺寸及设计需求决定，镶嵌时宝石之间不要紧贴，通常要留出 0.1～0.5mm 的距离以应对首饰的冷热变化，防止宝石相互挤压造成松动（图 6-106）。在同等面积的金属上，宝石间隔距离越小，所需镶嵌的数量越多，成本也随之升高。反之，间隔越大，镶嵌宝石数量越少，首饰的成本就越低。有时为了防止宝石间隔过大影响饰品的视觉效果，可以在宝石之间增加装饰钉（图 6-107）。

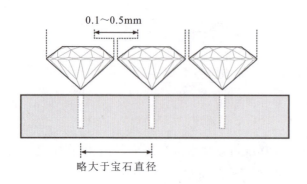

图 6-106　宝石间距示意图　　　　图 6-107　宝石间距较大时制作的装饰钉

★ 步骤详解：球针的使用

球针在使用时可以根据需要变换角度（图 6-108）。球针与金属面垂直时，打磨速度慢、精确度高、容易控制，而且打磨出的金属表面非常光滑。球针倾斜时，打磨速度相对较快，但需要控制球针的加工位置，否则容易偏离预定加工点。

镶嵌结构的制作及镶嵌方法 第 6 章

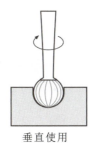
垂直使用

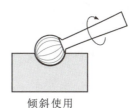
倾斜使用

图 6-108　球针使用示意图

✦ **步骤详解：铲刀持握方式及铲线方法**

1. 铲刀持握方式

铲刀是钉镶工艺中的必备工具，持握时需要将手柄置于手掌中心，用拇指及食指捏住刀刃部分（图 6-109）。推刀时右手持刀，用腕部力量推动铲刀。推刀时要用左手大拇指顶住右手大拇指操作，一方面提高铲刻精度，另一方面防止铲刀打滑扎伤左手（图 6-110）。

图 6-109　铲刀的持握方式

图 6-110　双手安全操作

119

2. 铲线方法

铲刻线条要用三角铲刀,操作时手持铲刀将腕部向上弯起,然后向金属方向缓缓发力;尖端没入金属后,逐渐减小刀身与金属平面的角度,并用力向前推动即可将金属铲起;腕部放平之后,将刀尖向上挑起完成一段线条的铲刻。较长的线条可以如此分步完成。操作过程如图6-111所示。

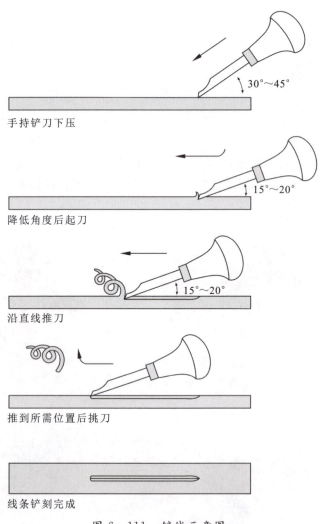

图6-111 铲线示意图

铲刻直线时可以先使用钢针和直尺刻画出参考线,然后沿参考线进行铲刻练习(图6-112)。铲刻曲线时可以使用曲线板及机剪辅助划出参考线,操作过程中可以通过左右倾斜铲刀制作出不同坡度的线条(图6-113)。

镶嵌结构的制作及镶嵌方法 第 6 章

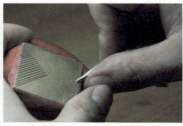

图 6-112 铲刻直线

图 6-113 铲刻曲线

6.5.3 虎口钉镶

虎口钉镶是一种相对简便的镶嵌方式,两侧不留镶边,能够从更多角度展示宝石,如图 6-114 所示。

图 6-114 虎口钉镶效果

首饰镶嵌工艺基础

✦ 准备材料

长 24mm、宽 3.6mm、厚 3mm 的金属片;直径为 3mm 的宝石。

✦ 制作步骤

(1)将金属片固定到火漆上,根据宝石尺寸在镶嵌区域打点定位,确定宝石的镶嵌位置(图 6-115)。

图 6-115　准备材料、确定镶嵌位置

(2)用钻针打孔后使用球针制作出镶石位,镶石位之间的间隔和镶石位的深度要均匀、一致(图 6-116)。

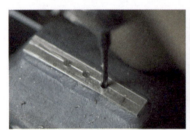

图 6-116　打孔制作镶石位

(3)在镶石位的边缘刻画标记线后,用三角铲刀铲出镶边,然后用平铲刀修整镶边与镶石位之间的金属,将其高度降低,剩余的部分在后期可以制作出边缘两颗宝石的镶钉(图 6-117、图 6-118)。

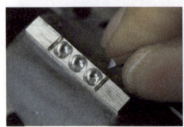

图 6-117　铲出左右镶边并修整镶边与镶石位之间的金属

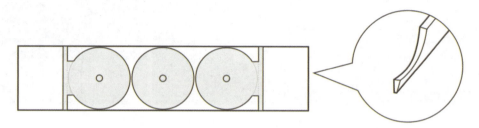

图 6-118　铲刻位置示意图

（4）用牙针修整镶石位侧面边缘的金属，降低其高度。操作时要控制好牙针的方向，防止破坏其他金属结构；另外，制作出的金属结构从侧面看呈半圆形，造型要匀称、一致（图 6-119、图 6-120）。

图 6-119　用牙针修整边缘的金属

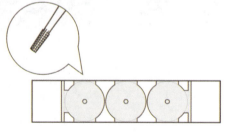

图 6-120　金属边缘修整示意图

（5）使用牙针修整镶石位之间的金属，降低中间区域的高度，使镶钉完全展露出来；用球针、鬃轮等工具进一步清理镶石位，待其内部完全光亮后将宝石逐颗放入并压紧（图 6-121、图 6-122）。

首饰镶嵌工艺基础

图 6-121　用牙针修整镶石位之间的金属,清理后入石

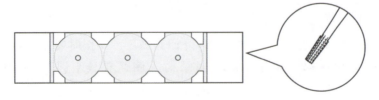

图 6-122　镶嵌结构及镶钉示意图

(6)宝石压紧后确保其周正并且高度一致,然后用平铲刀或自制工具将镶钉分开,并分别挤向宝石使其完全固定;最边缘的镶钉也要使用平铲刀向宝石方向挤压,以保证宝石的稳定、牢固(图 6-123、图 6-124)。

图 6-123　压紧宝石、分钉

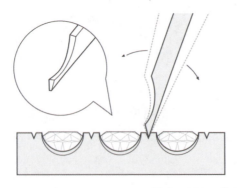
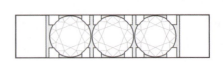

图 6-124　使用平铲刀分钉

（7）使用珠作针将镶钉压圆，保证镶钉与宝石结合紧密、牢固（图6-125、图6-126）。

图6-125　压钉

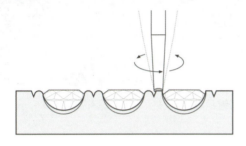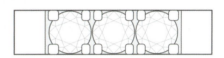

图6-126　使用珠作针将镶钉顶端压圆

6.5.4　起钉星镶

起钉星镶通过起钉的方式镶嵌宝石，配合铲刀制作的星芒可以增强金属表面的装饰效果，如图6-127所示。

图6-127　起钉星镶效果

首饰镶嵌工艺基础

✤ 准备材料

长 27mm、宽 17mm、厚 3mm 的金属片;直径为 3mm 的宝石。

✤ 制作步骤

(1)根据镶嵌的需要在金属片上刻画出星形辅助线,并在中心位置打点作为宝石镶嵌位置(图 6-128)。

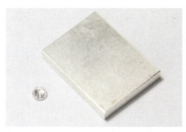

图 6-128 刻画辅助线并定位

(2)用钻针在镶嵌位置打孔,打孔的深度可以根据宝石尺寸及所需要的镶嵌效果来确定,打通或不打通金属皆可;打孔完成后,使用与宝石直径一致的球针制作出镶石位(图 6-129)。

图 6-129 打孔、制作镶石位

(3)将宝石放入镶石位并检查其尺寸是否合适,宝石的腰棱要略低于金属面,镶石位调整合适后,取出宝石并使用三角铲刀铲刻出四条装饰星芒(图 6-130)。

(4)将宝石放入镶石位并压紧,使用三角铲刀将金属铲向宝石,接近宝石后将铲刀的手柄向上抬起,使铲起的金属钉将宝石压紧(参见 128 页"步骤详解:起钉"),重复操作制作出其他镶钉并将宝石完全固定(图 6-131)。

镶嵌结构的制作及镶嵌方法 **第 6 章**

图 6-130 制作星芒

图 6-131 入石、起钉

(5) 用珠作针将镶钉的尖端压圆,使镶钉与宝石的接合更紧密,镶嵌更加牢固。压圆镶钉时珠作针的手柄可以沿圆周旋转几圈,以提高镶钉的圆润度。要注意下压的力量,对于脆性较大的宝石及不稳定的宝石,下压时要轻一些,防止将宝石压碎(图 6-132、图 6-133)。

图 6-132 压钉

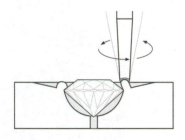

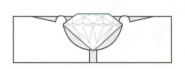

图 6-133 用珠作针将镶钉顶端压圆

127

步骤详解:起钉

起钉是小颗粒宝石镶嵌过程中常用的操作,它是使用三角铲刀将宝石附近的金属铲起以形成镶钉的过程。铲钉时将三角铲刀压入金属并向宝石方向推动,金属钉接近宝石时,将铲刀手柄向上抬起,使镶钉压住宝石的腰棱部分即完成起钉操作(图6-134)。需要注意的是,要根据金属和宝石的尺寸及工艺特征来确定镶钉的大小。

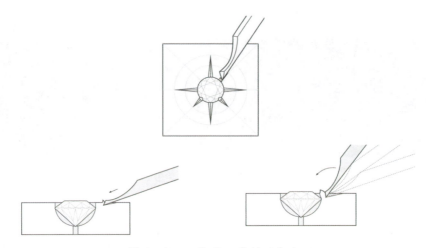

图6-134 使用三角铲刀起钉

6.5.5 飞边镶

飞边镶可以在宝石的周围形成一个光圈,使宝石显得更大、更亮,因此经常应用在小颗粒钻石的饰品中,效果如图6-135所示。

图6-135 飞边镶效果

✦ 准备材料

长15mm、宽15mm、厚3mm的金属片；直径为3mm的宝石。

✦ 制作步骤

(1)根据镶嵌需要在金属片上刻画出辅助线，并在中心位置打点作为宝石镶嵌位置；用钻针在镶嵌位置打孔，并用球针制作出用于反光的凹坑，此处球针直径应大于宝石直径(图6-136)。

图6-136 定位并制作凹坑

(2)用球针将凹坑打磨光滑，然后分别用粗、细橡胶轮将凹坑打磨光亮，使其具备聚光、反光的作用(图6-137、图6-138)。

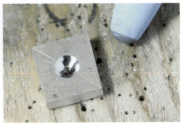

图6-137 打磨凹坑

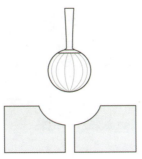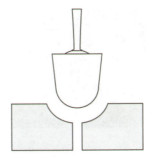

用球针制作出凹坑　　　　用橡胶轮打磨凹坑

图6-138 凹坑制作及打磨示意图

(3)将金属片固定在火漆球或者镶嵌球钳上,使用与宝石直径一致的球针制作出镶石位(图6-139、图6-140)。

图6-139 固定并制作镶石位

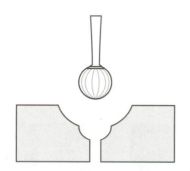
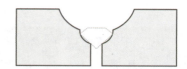

图6-140 使用球针制作镶石位

(4)将宝石压入镶石位后,使用三角铲刀在凹坑内铲出镶钉并挤向宝石(参见131页"步骤详解:飞边镶钉爪的制作");最后用珠作针将镶钉压圆以保证镶嵌的牢固、稳定(图6-141)。

图6-141 入石、镶嵌

✦ 步骤详解：飞边镶钉爪的制作

传统飞边镶的钉爪是使用铲针在镶石位的上缘位置斜向铲出的，用于固定宝石的腰棱（图 6-142）。现阶段大都选用三角铲刀起钉的方式来完成镶嵌操作（图 6-143），操作方法可以参考 128 页"步骤详解：起钉"。

图 6-142　铲针起钉

图 6-143　三角铲起钉

6.6　抹镶、管镶

6.6.1　钢压抹镶

钢压抹镶是通过钢压迫使镶边发生变形从而固定宝石，效果如图 6-144 所示。

图 6-144　钢压抹镶效果

✨ 准备材料

直径为 5mm 的宝石；厚 3.5mm 的金属片。

✨ 制作步骤

（1）在金属片上划好标记线后使用钻针打孔，可以根据实际需要选择是否将金属打通；然后在打孔的位置使用球针制作出镶石位（图 6-145）。

图 6-145　准备材料并制作镶石位

（2）用球针逐步调整镶石位的大小，使宝石的外缘刚好贴在金属的边缘上方；镶嵌颗粒较大的宝石时，需要使用飞碟针在镶石位内侧车出一圈凹槽，用以固定宝石的腰棱；对于小颗粒宝石，可以不用刻槽，入石后压紧即可（图 6-146、图 6-147）。

图 6-146　扩孔、制作镶嵌的凹槽

第 6 章 镶嵌结构的制作及镶嵌方法

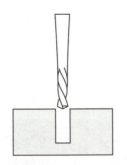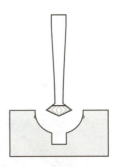

图 6-147 镶石位的制作及车槽示意图

(3)将宝石轻轻压入刻槽位置,使用钢压斜向下逐步压迫金属的边缘,使金属挤向宝石,直至宝石固定(图 6-148、图 6-149)。

图 6-148 入石并镶嵌

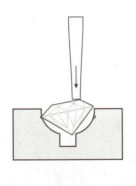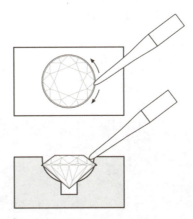

图 6-149 入石及镶嵌示意图

133

6.6.2 吸珠抹镶

吸珠抹镶通过吸珠针压迫宝石边缘的金属使之变形从而固定宝石，这种方法可以快速镶嵌圆形的小颗粒宝石，效果如图6-150所示。

图6-150 吸珠抹镶效果

✤ **准备材料**

直径为2.0mm的宝石；厚2mm的金属片。

✤ **制作步骤**

（1）在金属片上打孔之后使用球针制作出镶石位，再用飞碟针车出卡扣宝石腰棱的凹槽，较小的宝石可以不用刻槽，在镶石位中压紧即可；最后使用稍大一点的球针在金属外缘制作出轻微凹陷，这样吸珠针在旋转时不易跑偏，但凹陷不宜过深，更不能破坏车槽的位置（图6-151、图6-152）。

图6-151 制作镶石位、刻槽

镶嵌结构的制作及镶嵌方法 第6章

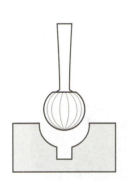 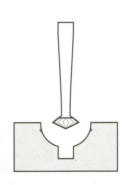 

图 6-152　镶石位的制作及处理示意图

(2)将宝石压入镶石位。选用直径略大于宝石腰围的吸珠针,压紧镶石位的边缘后轻踩吊机踏板,将金属压低从而固定宝石。注意镶嵌时压力不要过大,否则可能会破坏镶嵌结构,造成镶嵌失败(图 6-153、图 6-154)。

图 6-153　入石、镶嵌

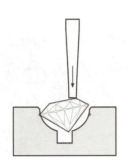  

图 6-154　入石及吸珠镶嵌示意图

135

6.6.3 管镶

应用管镶工艺时,需要在管状的材料上制作镶石位,然后使用专用的工具进行挤压,使镶边的金属压向宝石,它适用于圆形刻面宝石,效果如图 6-155 所示。

图 6-155　管镶效果

✤ **准备材料**

直径为 3.5mm 的宝石;外径为 4mm 的金属管。

✤ **制作步骤**

(1)将金属管固定在火漆上,使用冲头或钢压将管口稍微扩大一些以适应宝石的尺寸(图 6-156)。

图 6-156　固定材料、扩展镶边

(2)根据宝石尺寸用飞碟针在管口的内壁车出一圈凹槽,用以固定宝石的腰棱部分,将宝石放在管口并压入镶嵌位置(图6-157、图6-158)。

图6-157 刻槽、入石

图6-158 将宝石压入凹槽内

(3)使用管镶工具压紧管口并转动手柄,使金属管边缘的金属挤向宝石冠部,完成宝石镶嵌(图6-159、图6-160)。若宝石略有松动,可以用钢压加固一下。

图6-159 使用管镶工具压紧镶边

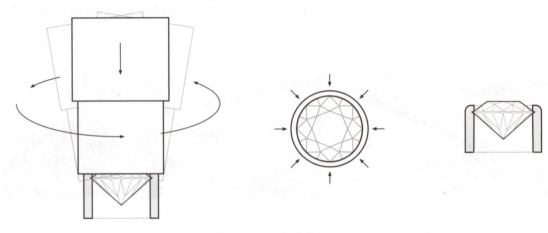

图 6-160　使用管镶工具将金属管的边缘压向宝石冠部

6.7　隐秘镶

隐秘镶具有很强的装饰效果，可以大面积展示宝石，如图 6-161 所示。这种镶嵌方式对加工精度要求较高，因此可以应用 JewelCAD 等软件建立模型，并且设置好连接结构以便于后期焊接及镶嵌。

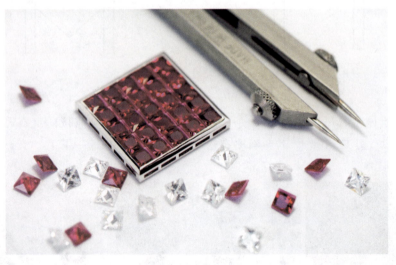

图 6-161　隐秘镶效果

✦ 准备材料

边长为 5mm 的正方形宝石。

镶嵌结构的制作及镶嵌方法 第 6 章

✦ 制作步骤

(1)使用JewelCAD制作出饰品结构的框架,将结构分解为中间支撑条和外框两个部分;设置好连接结构之后分件铸造,这样能够保证较高的精度;铸造完毕后去掉铸件的水口并进行表面修整(图6-162)。

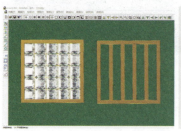

图6-162 打印镶嵌框架并修整铸件

(2)将宝石并排粘贴在平整的金属条上,使用金刚砂针在宝石腰部刻出凹槽,更高精度的切割需要有专用的机械(图6-163)。根据宝石在饰品上所处的位置,对最边缘的宝石只需要在其一侧刻槽,对其他宝石需要在其两侧刻槽。

图6-163 粘贴宝石并刻槽

(3)在镶嵌框架上锉磨出向外的小斜面以便于后期镶嵌,将中间支撑条打磨平整并检查是否与宝石相匹配,两颗宝石放在一起须不留缝隙(图6-164)。

图6-164 修整框架及支撑条

139

(4) 将中间支撑条安装到设置好的结构中并进行焊接(图6-165)。

图6-165　焊接框架

(5) 根据宝石的尺寸,用飞碟针在镶边内侧车槽;从镶边的中间放入第一颗宝石,检查松紧程度,再根据宝石的尺寸逐步调整凹槽的深度,尤其要着重清理4个边角位置,确保边角的宝石能够周正地入位;宝石放入框架后推向两侧,中间的宝石最后置入(图6-166)。

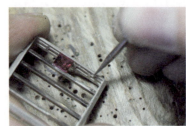

图6-166　清理镶边、入石

(6) 将其他宝石按照顺序逐颗镶嵌,最后一排宝石入石难度会稍大,可以用钳子将镶边的中部向外打开一点,最后一颗宝石置入之后再将金属压回(图6-167)。

图6-167　完成宝石排布

(7) 用镶石錾将镶边压紧后使用锉刀将其打磨平整,最后用铲针修整镶嵌结构的镶边和4个角落,以保证其规整、美观(图6-168)。

图 6-168　压紧并修整镶边

（8）使用锉刀、砂纸将饰品外围打磨平滑，靠近宝石的镶边可以用橡胶轮完成粗抛光。整体抛光后电镀即完成饰品制作（图 6-169）。

图 6-169　打磨镶边

第 7 章

镶嵌首饰的制作

7.1 爪镶饰品的制作

7.1.1 单层爪镶吊坠的制作

单层爪镶吊坠的结构相对简单,由镶嵌结构、圈环和瓜子扣组成。制作时先拼焊四爪镶嵌结构作为吊坠的主体,然后制作瓜子扣,瓜子扣具有连接项链与镶嵌结构的功能。拼焊时先将圈环与镶嵌结构进行焊接组合,然后将瓜子扣的开口卡入圈环完成焊接。镶嵌宝石后效果如图 7-1 所示。

图 7-1 单层爪镶吊坠

镶嵌首饰的制作 第7章

✦ 准备材料

尺寸为9mm×11mm的弧面宝石;尺寸(长、宽、厚)分别为50mm×3.5mm×1.2mm(用于制作镶石座)及16mm×2.5mm×1.2mm(用于制作瓜子扣)的金属条;直径为1.4mm的金属丝(用于制作镶爪)。

✦ 制作步骤

(1)材料准备好后,将用于制作镶石座的材料弯折成扇弧形,然后再根据宝石尺寸制作出镶石座的坯件(图7-2)。注意镶石座尺寸要与宝石腰围一致或略小于它。

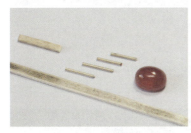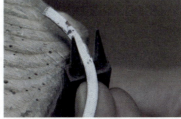

图7-2 准备材料并制作镶石座

(2)焊接镶石座并使用圆嘴钳将其校正,使造型更加对称、规整并符合所镶嵌宝石的尺寸(图7-3)。

图7-3 焊接、调整镶石座

(3)用锉刀及砂纸将镶石座打磨光滑(图7-4)。

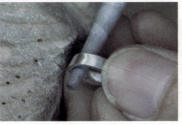

图7-4 打磨镶石座

(4)按照椭圆形宝石镶爪位置对照图(参见196页附录1)在镶石座上标记出镶爪的焊接位置,然后用三角锉在标记处锉出凹槽并分别焊接镶爪(图7-5)。焊接镶爪时要尽量避开原先镶石座的焊点。

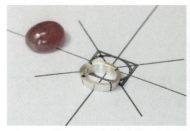
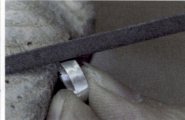

图7-5　标记镶爪位置并完成焊接

(5)用金属条制作出瓜子扣,并使用锉刀、砂纸将其表面打磨光滑(图7-6)。

图7-6　制作瓜子扣

(6)焊接连接瓜子扣的圈环,然后安装并焊接瓜子扣;完成焊接后用白矾水将饰品清洗干净(图7-7)。

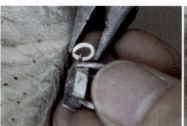

图7-7　焊接圈环及瓜子扣

(7)将镶爪略向外打开,放入宝石,根据宝石位置使用球针在镶爪上车出凹槽,以使镶爪与宝石贴合更加紧密,并且便于弯折(图7-8)。

图7-8 调整镶爪

（8）将宝石放入镶口，摆正位置后，使用尖嘴钳沿对角方向将镶爪往里向下压，使之扣紧宝石；根据宝石尺寸，使用剪钳剪掉多余的镶爪（图7-9）。

图7-9 弯折、调整镶爪

（9）使用吸珠针将镶爪顶端修整为球形，防止钩挂衣服及头发并增强镶爪的装饰效果（图7-10）。

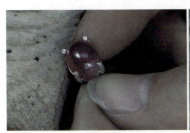 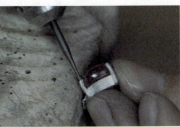 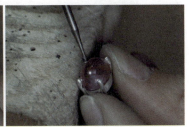

图7-10 用吸珠针打磨镶爪

（10）使用锉刀、砂纸仔细处理镶嵌结构，打磨平整后进行抛光，完成作品（图7-11）。

图 7-11 打磨并完成饰品的制作

7.1.2 双层爪镶戒指的制作

制作双层爪镶戒指时,需要先制作双层的镶嵌结构,然后制作戒圈,最后将镶嵌结构与戒圈修整之后进行焊接组合。这枚戒指焊点较多,要注意高、中、低温焊料的配合使用,制作镶嵌结构时先使用高温和中温焊料,最后拼合时可以使用低温焊料。戒指完成后效果如图 7-12 所示。

图 7-12 双层爪镶戒指

⭐ **准备材料**

尺寸为 9mm×11mm 的椭圆刻面型宝石;尺寸(长、宽、厚)分别为 60mm×3mm×2.5mm(用于制作戒圈)、45mm×1.2mm×1.2mm(用于制作镶石座)、14mm×1.5mm×0.8mm(用于制作镶爪)的金属条。

镶嵌首饰的制作 **第 7 章**

⭐ **制作步骤**

(1) 材料准备好之后,用制作镶石座的金属条按照宝石大小制作一个单层镶石座并将其焊接,镶石座的外围要等于或略小于宝石腰围(图 7-13)。

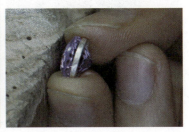

图 7-13　制作第一层镶石座

(2) 使用锉刀、砂纸将镶石座打磨平整,镶石座内侧可以制作出一个小斜面,以更好地贴合宝石亭部结构(图 7-14)。

图 7-14　调整并打磨镶石座

(3) 使用椭圆形宝石镶爪位置对照图(参见 196 页附录 1)标记出镶爪的位置,用锉刀在标记处锉出凹槽并分别焊接镶爪;焊接完成后放入宝石,观察是否合适,若不合适应及时调整(图 7-15)。

图 7-15　标记镶爪位置并焊接

147

(4)根据宝石的尺寸标记出镶爪长度,使用剪钳将多余镶爪剪掉,用白矾水煮洗后使用锉刀将镶爪锉磨成图中形状(图7-16)。

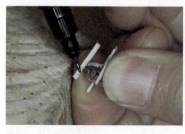

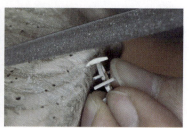

图7-16 调整镶爪结构

(5)使用制作镶石座的金属条弯制出第二层镶石座,尺寸比第一层略小,焊接后使用戒指铁和戒指坑铁将镶石座压弯,以适应戒指内圈的弧度(图7-17)。

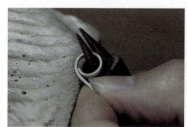

图7-17 制作第二层镶石座

(6)使用锉刀、砂纸将第二层镶石座打磨平整;将部件摆放整齐(可以使用铁丝将其捆绑),逐点进行焊接;焊接及清洗完毕后,用锉刀及砂纸对镶爪及其他焊接位置进行打磨,去掉多余焊料(图7-18)。

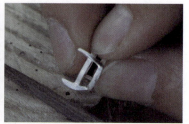

图7-18 打磨并拼焊镶石座

(7)取用制作戒圈的材料,对其加热,退火后用锤子将两端敲扁,厚度从中间向两端逐步变薄(图 7-19)。

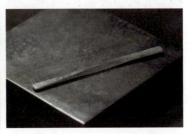

图 7-19 锻造戒圈坯料

(8)再次加热材料,退火后用戒指铁将其进行弯折,然后用戒指坑铁将材料校正为戒圈(图 7-20)。

图 7-20 弯折戒圈

(9)根据镶口大小在戒圈上绘制标记线并对戒圈进行裁剪,使用锉刀及砂纸将戒圈打磨平整;检查戒圈是否能够与镶嵌结构进行组合,若有偏差要及时调整(图 7-21)。

图 7-21 调整戒圈使之与镶嵌结构相适应

(10)将镶口和戒圈组合后进行焊接,焊接时可以使用葫芦夹或反弹夹将两个部分支撑固定,也可以使用铁丝进行捆绑后再焊接;清洗后使用锉刀及砂纸去除多余焊料并将坯件打磨平整(图 7-22)。

图 7-22 组合焊接并整体打磨

(11)将戒指坯件固定在戒指镶台上,使用飞碟针或球针根据宝石位置车出固定宝石腰棱的凹槽,然后使用尖嘴钳将宝石固定(图 7-23)。

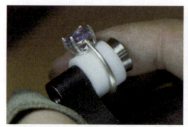

图 7-23 车石位并完成镶嵌

(12)用锉刀及砂纸将镶爪修整完毕后,整体抛光、电镀,即完成作品(图 7-24)。

图 7-24 打磨镶爪完成作品

7.1.3 共爪镶戒指的制作

制作共爪镶戒指时,可以先制作出戒圈,由于镶嵌的是小宝石,因此可以直接在戒圈上雕刻出镶嵌结构。宝石的镶爪用金属丝焊接而成,拼焊时可以将金属丝折叠成"V"形或"U"

形,这样既可以保证焊接时的稳定性,又可以快速完成焊接。将各种宝石搭配镶嵌后效果如图 7-25 所示。

图 7-25 共爪镶戒指

✦ **准备材料**

直径为 3.5mm 的圆刻面型宝石;厚 2mm、宽 3.5mm 的戒圈;直径为 1mm 的金属丝。

✦ **制作步骤**

(1)用砂纸对戒圈稍加打磨,根据宝石的尺寸用分规标记出镶嵌区域(图 7-26)。

图 7-26 标记镶嵌区域

(2)用球针在戒圈上制作出镶嵌宝石的镶石位,在其底部钻孔以减少金属用量,同时保护宝石的亭部尖端(图 7-27)。

(3)在戒圈两侧标记出焊接镶爪的位置,并使用牙针、三角锉打磨所标记的位置,使其符合宝石的形状并便于放置镶爪(图 7-28)。

图 7-27 制作镶石位

图 7-28 标记并锉磨镶爪位置

（4）使用砂纸将戒圈打磨光滑；将金属丝弯折并使之作为镶爪紧贴在两个镶石位之间的位置以备焊接（图7-29）。

图 7-29 打磨镶爪位置、排列镶爪

（5）将所有镶爪都摆放整齐后，在镶爪与戒圈之间摆放焊料，焊接后翻面重复操作完成另一侧镶爪的焊接（图7-30）。

图 7-30 摆放焊料并焊接镶爪

(6)清洗后检查所有镶爪是否焊接牢固,需要补焊的位置及时补焊,完成操作后用锯将镶爪的尾部从贴近戒圈的位置去除,然后使用锉刀、砂纸将戒指内圈打磨平整(图7-31)。

图7-31　修整镶爪、打磨戒圈

(7)将镶爪略向外打开,确定宝石镶嵌位置后使用飞碟针在镶爪上车槽;将宝石两颗两颗地放入镶口并用尖嘴钳将两颗宝石之间的公共镶爪弯折、扣紧宝石;重复该操作,完成所有宝石的镶嵌后使用剪钳将多余镶爪剪掉(图7-32)。

图7-32　镶嵌并剪切镶爪

(8)用吸珠针将镶爪顶端打磨平滑,使用砂纸将戒指打磨光滑后整体抛光、电镀,完成作品(图7-33)。

图7-33　打磨并完成作品

7.2 包镶饰品的制作

7.2.1 装饰包镶吊坠的制作

制作装饰包镶吊坠时,需要先根据宝石的尺寸制作出镶边,然后焊接内衬或底衬来承托宝石。镶嵌结构修整完成之后再焊接花丝及瓜子扣等结构。吊坠完成后效果如图 7-34 所示。

图 7-34 装饰包镶吊坠

✦ 准备材料

瓷片;宽 4mm 的金属条;厚 0.4mm 的金属片;瓜子扣及连接圈环;直径为 0.6mm 的金属丝扭卷成麻花丝备用。

✦ 制作步骤

(1)将各种材料准备好,根据瓷片的外轮廓将金属条弯折成镶边,然后将镶边焊接到厚 0.4mm 的金属片上,制作成瓷片的镶口(图 7-35)。

(2)在镶口底部打孔并进行镂空,以减少金属用量,镂空完毕后再将镶口外缘多余的金属锯掉(图 7-36)。

图 7-35　制作镶边并焊接底衬

图 7-36　修整底衬

（3）用锉刀及砂纸将镶口外缘打磨平滑，然后将麻花丝缠绕在镶口外缘下侧，使用铁丝捆绑后进行焊接（图 7-37）。

图 7-37　修整外缘并焊接花丝

（4）焊接圈环及瓜子扣，确保结构连接牢固后，将金属坯件清洗、抛光、电镀；最后用 AB 胶将瓷片粘贴在镶口中，即完成作品（图 7-38）。

图 7-38　焊接圈环及瓜子扣

7.2.2 压边包镶耳坠的制作

压边包镶耳坠由包镶的镶嵌结构、耳钩及其他装饰结构组成。镶嵌结构用金属条和金属片组合焊接而成，耳钩和其他装饰结构都使用金属丝制作而成。这件耳坠虽然焊点较多，但金属结构大都可以在平面上焊接完成，因此难度不大。耳坠完成后效果如图7-39所示。

图7-39 压边包镶耳坠

✦ 准备材料

直径为6mm的素面平底宝石；厚0.4mm的金属条；直径为0.85mm的金属丝；厚0.3mm的金属片。

✦ 制作步骤

（1）根据宝石尺寸将金属条弯折为宝石的镶边，调整其尺寸，确保镶边与宝石能够完美贴合（图7-40）。

 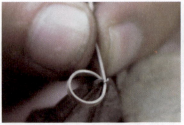 

图7-40 根据宝石尺寸制作镶边

(2) 将宝石镶边焊接到厚 0.3mm 的金属片上，完成宝石镶口的制作，然后将其底部镂空并将边缘打磨平整；使用 4 段直径为 0.85mm 的金属丝卷成涡卷作为装饰（图 7-41）。

图 7-41　焊接底衬、制作涡卷装饰

(3) 截取 12 段等长的金属丝并在焊台或木炭上烧结成球形，每 3 个为一组焊接到一起形成珠粒状的装饰（图 7-42）。

图 7-42　制作并焊接珠粒

(4) 将涡卷纹饰、珠粒装饰以及镶口焊接到一起，并在顶端焊接圈环以便于扣挂耳钩；用直径为 0.85mm 的金属丝制作出耳钩（图 7-43）。

图 7-43　组合装饰结构及耳钩

（5）将宝石放入镶口后，使用玛瑙刀在镶口上方边缘滑动，并将金属逐步向宝石方向挤压，待金属弯折后可将宝石固定；安装耳钩后将耳坠做旧、抛光，即完成整件作品（图7-44）。

图7-44　完成镶嵌

7.2.3　包镶戒指的制作

包镶戒指效果如图7-45所示。这件戒指镶嵌了多颗宝石，制作时应先按照宝石的尺寸制作出相应的镶嵌结构，然后将镶嵌结构粘贴在戒圈上，标记出焊接位置及镂空部分，用锯条将戒圈镂空并修整后，再将镶嵌结构焊接到戒圈上。焊接时可以使用铁丝进行固定，防止镶嵌结构位置发生变动。

图7-45　包镶戒指

准备材料

宽20mm、厚1.5mm的金属戒圈1个;各种琢型的宝石及配套镶口。

制作步骤

(1)将各种材料准备好后,使用502胶将镶口固定在戒圈上,根据镶口所在的位置使用记号笔标记出镂空位置,最后使用钢针将线条重新描绘一遍(图7-46)。

图7-46 固定镶口并刻绘标记线

(2)稍微加热戒圈后将所有镶口取下,根据镂空位置打孔并进行锯切(图7-47)。

图7-47 打孔、镂空

(3)用牙针、锉刀及砂纸继续修整镂空部位使其逐步光滑、平整(图7-48)。

图7-48 修整打磨戒圈

(4)再次使用502胶将镶口粘回原位,用铁丝将其与戒圈固定后放入焊料进行焊接(图7-49)。

图7-49　固定镶口并焊接

(5)将戒指清洗后,根据宝石尺寸调整镶石位大小并在镶口内侧车出镶嵌的凹槽,用锉刀在镶口外缘打磨出小斜面以便于宝石镶嵌的操作(图7-50)。

图7-50　修整镶口内外结构

(6)将宝石逐颗置入对应的镶口中并使用镶石錾分别固定(图7-51)。

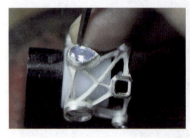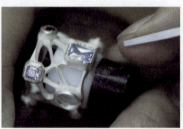

图7-51　镶嵌宝石

(7)用锉刀、砂纸将镶口边缘打磨平整,并用铲针去除镶边内侧多余的金属,使镶嵌结构更加平整、光亮(图7-52)。

(8)用橡胶轮对镶口边缘进行粗抛光,再使用抛光机将戒指完全抛光后电镀,即完成制作(图7-53)。

图 7-52 打磨修整镶嵌结构

图 7-53 整体抛光、完成制作

7.3 壁镶、轨道镶饰品的制作

7.3.1 壁镶戒指的制作

壁镶戒指镶嵌了三颗方形宝石,镶嵌的宝石较小,因此可以在戒指上直接雕刻出镶嵌结构。戒指镶嵌完成后效果如图 7-54 所示。

图 7-54 壁镶戒指

首饰镶嵌工艺基础

✦ **准备材料**

宽3mm、厚2.5mm的戒圈;长、宽均为3mm的正方刻面型宝石。

✦ **制作步骤**

(1)根据宝石尺寸在戒圈上标记出镶嵌位置,用锯条去除多余的金属,注意锯切的镶石位要比宝石略小,以便于后期调整及镶嵌操作(图7-55)。

图7-55　标记镶石位并锯切

(2)在镶石位底部打孔并将其镂空为规则的方形,使用牙针、锉刀、砂纸将镶石位打磨平整(图7-56)。

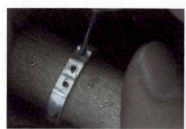

图7-56　镂空镶石位

(3)检查镶嵌结构是否合适并根据宝石尺寸在镶石位边缘刻槽;将宝石压入镶石位后使用镶石錾敲击镶边以固定宝石(图7-57)。

图7-57　镶嵌宝石

(4)用锉刀、砂纸将戒指处理平整后,再用铲针去除镶边周围多余的金属,最后抛光、电镀,即完成作品(图7-58)。

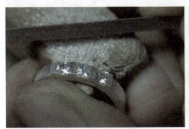  

图7-58 修整并整体抛光

7.3.2 壁镶胸针的制作

壁镶胸针的主体造型及镶嵌结构都使用金属条雕刻而成,背面焊接饰针及兔耳胸针扣,饰品完成后效果如图7-59所示。

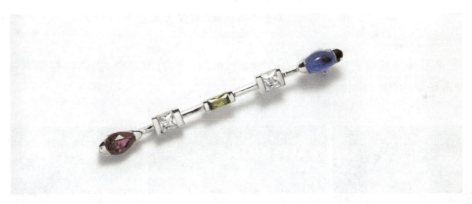

图7-59 壁镶胸针

✦ **准备材料**

水滴刻面型宝石、正方刻面型宝石、长方刻面型宝石、马眼弧面型宝石;宽4mm、厚3mm的金属条;兔耳形胸针扣套件;直径为0.9mm的金属丝。

✦ **制作步骤**

(1)根据宝石尺寸在金属条上做好标记,用锯条将多余金属去除使之形成镶石位,注意镶石位要比宝石略小;最后使用锉刀将镶石位打磨平整(图7-60)。

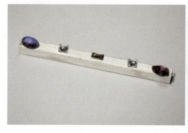

图 7-60　标记镶石位并进行锯切

（2）在镶石位之间的金属表面标记出需要去除的部分，用锯条将其去除后，再使用锉刀将内部打磨平整（图 7-61）。

图 7-61　修整金属结构，减少金属用量

（3）用锉刀将两端镶嵌马眼形及水滴形宝石的镶石位打磨平滑，用钻针在所有镶石位底部打孔以备镂空用（图 7-62）。

图 7-62　打磨镶嵌结构并打孔

（4）用牙针及锯条将镶石位底部镂空；在饰品侧面标记出镶石位之间多余的金属，用锯条将其去除，进一步减轻饰品质量（图 7-63）。

（5）使用锉刀、砂纸将饰品打磨平整，然后在饰品背部焊接饰针及兔耳扣（图 7-64）。

（6）将坯件固定在火漆球上，根据宝石尺寸精确地调整镶石位大小，在镶嵌位置车槽后使用镶石錾将宝石逐颗固定（图 7-65）。

 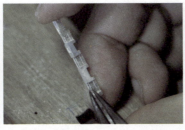 

图 7-63 调整结构进一步减重

图 7-64 整体打磨并焊接胸针结构

图 7-65 镶嵌宝石

(7)用锉刀、砂纸将镶边打磨平整；随后将饰品坯件从火漆球上取下并清洗，将饰品整体抛光、电镀后即完成制作(图 7-66)。

图 7-66 去火漆并完成饰品

7.3.3 轨道镶戒指的制作

轨道镶戒指使用小颗粒的长方形宝石,可以使用雕刻的方法制作镶嵌结构,镶石位底部可以镂空。戒指完成后,效果如图7-67所示。

图7-67 轨道镶戒指

✦ **准备材料**

宽4mm、厚2.5mm的戒圈;尺寸为2mm×4mm的长方刻面型宝石。

✦ **制作步骤**

(1)将各种材料准备好后,用锉刀、砂纸将戒指表面打磨平整并标记出镶嵌区域(图7-68)。

图7-68 打磨戒圈、标记镶嵌区域

(2)根据宝石尺寸在戒圈表面刻画出标记线,注意标记区域的长度要略小于宝石长度的总和,宽度要略小于宝石的宽度(图7-69)。

(3)用牙针在戒指坯件上开槽,形成镶石位,槽的深度略大于宝石高度,中间位置可以略宽,以便于放置第一颗宝石及最后一颗宝石(图7-70)。

图 7-69　根据宝石尺寸刻绘标记线

图 7-70　使用牙针制作镶石位

(4)根据宝石尺寸使用飞碟针在镶石位内侧车出镶嵌宝石腰棱的槽线,先置入一颗宝石观察镶石位是否合适,着重检查边缘位置是否能与宝石的棱角契合,若符合要求,再将宝石依次从镶石位的中间放入,然后推向两侧(图 7-71)。

图 7-71　车槽、入石

(5)待所有宝石入位后,用镶石錾敲击镶边使金属将宝石完全固定;使用锉刀、砂纸将戒圈打磨平整(图 7-72)。

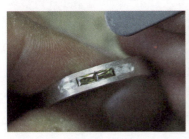

图 7-72　固定宝石、打磨镶边

首饰镶嵌工艺基础

（6）使用铲针去除镶边内侧多余的金属，仔细处理镶嵌结构的 4 个边角，使其呈现出规整的直角状态；将戒指抛光、电镀后完成制作（图 7-73）。

图 7-73　修整打磨并完成制作

7.4　钉镶饰品的制作

7.4.1　铲边钉镶戒指的制作

铲边钉镶是小颗粒宝石常用的镶嵌方法。这件戒指用铲边钉镶的方式镶嵌一圈宝石，为突出宝石的装饰效果，戒指抛光后电镀成黑色，完成后效果如图 7-74 所示。

图 7-74　铲边钉镶戒指

✦ 准备材料

宽 5mm、厚 2mm 的戒圈；直径为 2mm 的圆刻面型宝石。

✦ 制作步骤

(1)材料准备完毕后，使用锉刀、砂纸将戒圈打磨平整，然后使用机剪或分规标记出镶嵌区域(图 7-75)。

图 7-75　根据宝石尺寸标记镶嵌区域

(2)根据宝石尺寸确定镶嵌位置，将戒指坯件固定在戒指镶台上；使用球针制作出镶石位，用三角铲刀在镶石位两侧铲出镶边(图 7-76)。

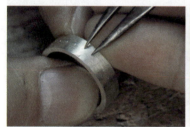

图 7-76　制作镶石位并铲边

(3)使用小球针或钻针将镶石位底部加深，用以在镶嵌过程中保护宝石的底尖；用牙针修整镶石位之间的金属，降低其高度(图 7-77)。

图 7-77　修整镶石位并降低其间金属的高度

（4）用平铲刀修整镶边与镶石位之间的金属，降低其高度，使剩余金属形成镶石位四周的镶钉；用球针将镶石位内部清理干净，准备镶嵌宝石（图7-78）。

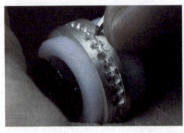  

图7-78　修整金属及镶石位

（5）将宝石放入镶石位后压紧，用平铲刀将镶钉分开，并使其分别挤向两侧的宝石冠部；用珠作针将镶钉压圆，使镶钉更加牢固地贴合宝石（图7-79）。

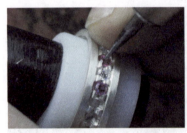  

图7-79　镶嵌宝石

（6）使用三角铲刀修整镶边并去除镶钉周围多余金属，将戒指整体抛光，电镀后完成制作（图7-80）。

图7-80　修整镶钉、完成制作

7.4.2 虎口钉镶戒指的制作

制作虎口钉镶戒指时,先制作两个戒圈,然后根据宝石的尺寸、形态制作出抹镶的镶嵌结构。主石是一颗异形宝石,可以通过拼焊或雕蜡的方法制作镶口。金属结构拼焊完成后要先镶嵌配石,戒圈上采用虎口钉镶,以抹镶工艺镶嵌 5g 红色宝石作为点缀,最后镶嵌异型切割的主石。戒指完成后效果如图 7-81 所示。

图 7-81 虎口钉镶戒指

✦ **准备材料**

宽 2mm、厚 1.8mm 的戒圈;宽 1.5mm、厚 1.8mm 的戒圈;异型切割的宝石(附带包镶镶口);直径为 2mm、1.5mm 的圆刻面型宝石以及对应的抹镶镶口。

✦ **制作步骤**

(1)将各种材料准备好后,根据造型需要将戒指及宝石镶口进行拼焊,焊接时可以使用铁丝及反弹夹作为辅助,以保证焊接时的精确性(图 7-82)。

图 7-82 组合、焊接戒指坯件

（2）将焊接好的金属坯件固定在戒指镶台上，用分规或机剪在戒圈上标记出镶石区域，根据宝石的尺寸使用钻针及球针制作出合适的镶石位（图7-83）。

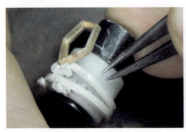

图7-83　制作镶石位

（3）用牙针修整镶边与镶石位之间的间隔，降低金属的高度，使镶钉呈现出来；用球针进一步修整镶石位，待其光滑后压入宝石并分钉镶嵌，最后用珠作针将镶钉压圆（图7-84）。

图7-84　完成镶嵌结构并镶嵌宝石

（4）使用同样的方法完成另一侧戒圈的镶嵌（图7-85）。

图7-85　镶嵌戒指另一侧的宝石

（5）使用与宝石尺寸一致的球针制作出抹镶宝石的镶石位，将宝石压入后用钢压完成宝石镶嵌（图7-86）。

图 7-86　完成抹镶镶嵌

(6)将戒指从镶台上取下,重新用火漆固定后完成异型宝石的镶嵌;整体打磨抛光,电镀后完成戒指的制作(图 7-87)。

图 7-87　镶嵌主石、整体打磨

7.4.3　飞边镶戒指的制作

飞边镶戒指由戒指主体和黑色鹅卵石两个部分组成。黑色鹅卵石表面安装 13 件应用飞边镶的装饰结构;戒指主体使用金属片、金属丝拼焊完成,应用了飞边镶和铲边钉镶两种镶嵌方式。戒指完成后效果如图 7-88 所示。

图 7-88　飞边镶戒指

首饰镶嵌工艺基础

✦ 准备材料

厚1.5mm的金属片；直径为1.5mm、2mm、3mm的金属丝；鹅卵石；直径为1mm、1.5mm、2mm的宝石。

✦ 制作步骤

（1）锯切两片戒指形的金属片并用金属丝将其拼焊成戒指；使用金刚砂针在鹅卵石上面打孔作为镶嵌结构以及装饰结构的固定位置（图7-89）。

图7-89　焊接戒指坯件、在鹅卵石上打孔

（2）使用直径为3mm、1.5mm的金属丝制作飞边镶的镶嵌结构（图7-90）。

图7-90　准备制作镶嵌结构的材料

（3）分别完成镶嵌结构的拼焊，并使用火漆将坯件固定（图7-91）。

图7-91　组合焊接并固定

(4)使用钻针、球针制作出飞边镶的凹坑,用橡胶轮完成凹坑的抛光(图7-92)。

图7-92 制作飞边镶的凹坑

(5)用与宝石尺寸一致的球针制作出镶石位,将宝石压紧后用三角铲铲钉、固定,最后使用珠作针将镶钉压圆(图7-93)。

图7-93 制作镶石位、镶嵌宝石

(6)将戒指坯件固定在火漆上,使用铲边钉镶的方式在戒圈上镶嵌直径1mm的宝石作为装饰,在戒圈四角的金属丝结构上制作出飞边镶的凹坑(图7-94)。

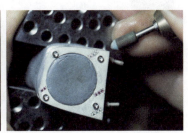

图7-94 在戒圈上镶嵌配石、再次制作四个飞边镶的凹坑

(7)用球针制作出镶石位,压入宝石后,使用三角铲刀起钉,将宝石固定(图7-95)。
(8)去掉火漆并将戒指清理干净,使用砂纸、橡胶轮等工具将戒指进行初步的抛光处理(图7-96)。

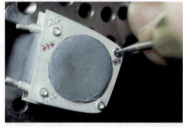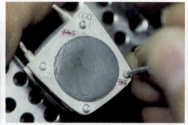

图 7-95 镶嵌宝石

图 7-96 整体打磨戒圈

（9）将戒指及装饰结构完全抛光后电镀，使用 AB 胶分别将装饰结构及戒指结构固定并完成饰品制作（图 7-97）。

图 7-97 电镀后固定装饰结构

7.5 珠镶饰品的制作

7.5.1 珍珠群镶吊坠的制作

制作珍珠群镶吊坠时,应先采用雕蜡工艺制作出吊坠的主体结构,铸造后进行修整并焊接配石的镶嵌结构及珍珠的镶针,对饰品进行抛光电镀后再镶嵌珍珠。吊坠效果如图7-98所示。

图7-98 珍珠群镶吊坠

✦ 准备材料

首饰雕刻蜡;直径为6mm、4mm的珍珠;直径为2mm的圆形刻面型宝石及配套的铸造镶口。

✦ 制作步骤

(1)使用雕蜡的方法制作出吊坠的主体,用牙针在造型表面雕刻出肌理纹饰,用球针在端头位置打磨出凹坑以便于后期镶嵌珍珠(图7-99)。模型修整完毕后铸造成金属坯件。

(2)将坯件上水口去除,使用砂纸对其表面及缝隙进行打磨,然后将铸造出的配石镶口焊接到金属坯件上(图7-100)。

177

图 7-99　制作吊坠蜡版

图 7-100　修整金属坯件、焊接配石镶口

（3）用球针将镶嵌珍珠的凹坑重新修整光滑，并在每个镶嵌结构上焊接一根金属丝作为镶嵌珍珠的镶针；焊接完毕后用白矾水将金属结构煮洗干净并检查是否牢固（图 7-101）。

图 7-101　修整镶石位、焊接镶针

（4）根据珍珠孔位深度将金属丝剪短，参考爪镶方法逐颗镶嵌配石，镶嵌完毕后使用吸珠针将每个镶爪的顶部打磨平滑（图 7-102）。

图 7-102　镶嵌配石、修整镶爪

(5)将饰品坯件抛光后电镀,最后使用 AB 胶将珍珠逐一粘到镶嵌位置(图 7-103)。

图 7-103　整体抛光电镀后镶嵌珍珠

7.5.2　珍珠珐琅戒指的制作

制作珍珠珐琅戒指时,可采用雕蜡工艺制作戒指的主体。将铸造出的金属坯件打磨后,在两片叶子上烧制珐琅,然后镶嵌宝石。戒圈两侧的宝石用虎口钉镶的方式镶嵌。在树枝造型的末端用抹镶的方式镶嵌一颗红色宝石。对戒指整体进行抛光、电镀后镶嵌珍珠,最终效果如图 7-104 所示。

图 7-104　珍珠珐琅戒指

✤ 准备材料

首饰雕刻蜡;直径为 7mm 的珍珠;直径为 2mm 的圆刻面型宝石;直径为 3mm 的圆刻面型红色宝石;绿色珐琅釉料。

首饰镶嵌工艺基础

✦ 制作步骤

（1）使用首饰蜡雕刻出戒指主体模型并铸造成金属坯件，在镶嵌珍珠的部位焊接一根金属丝；将叶子部分抛光处理后烧制珐琅材料（图7-105）。

图7-105　将蜡版铸造为金属坯件后烧制珐琅

（2）应用虎口钉镶的方式在戒臂镶嵌配石，完成配石镶嵌后，用砂纸将戒指整体打磨并抛光、电镀，最后使用AB胶完成珍珠镶嵌（图7-106）。

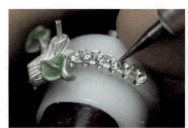

图7-106　镶嵌配石、抛光电镀后镶嵌珍珠

7.6　抹镶与管镶饰品的制作

7.6.1　钢压抹镶戒指的制作

钢压抹镶戒指由戒圈和抹镶结构组成。先根据宝石的尺寸制作出抹镶的镶嵌结构，然后在两侧分别焊接金属丝以便于后期与戒圈组合。戒圈完成后打孔并与抹镶结构组合焊接。成品效果如图7-107所示。

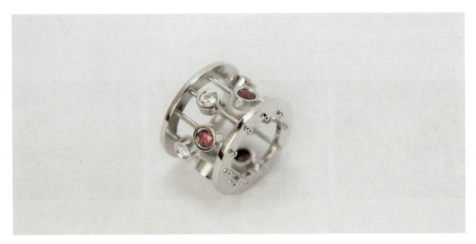

图 7-107　钢压抹镶戒指

✨ **准备材料**

尺寸(长、宽、厚)分别为 90mm×4.4mm×2mm(用于制作戒圈)及 15.8mm×3mm×1mm(用于制作抹镶镶口)的金属条;直径为 1.3mm 的金属丝;直径为 4mm、3.5mm 的圆刻面型宝石。

✨ **制作步骤**

(1)根据宝石尺寸使用砧铁、线芯、圆嘴钳等工具制作出抹镶镶口(图 7-108)。

图 7-108　弯折金属制作镶口坯件

(2)将镶口焊接后清洗干净,然后用锉刀、砂纸打磨平整后备用(图 7-109)。

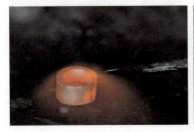

图 7-109　焊接、打磨镶口

(3)制作出戒圈并焊接,焊接时为使焊料更好地流动,可以在戒圈底部使用金属废料进行支撑(图7-110)。

图7-110 制作戒圈

(4)将戒圈侧面圆周等分为10份,标记位置后打孔(图7-111)。

图7-111 在戒圈上定位打孔

(5)取用直径为1.3mm的金属丝并将其剪为长12mm的小段若干;使用红柄锉将其中一端锉平后附着焊料,然后焊接在镶嵌结构上(图7-112)。

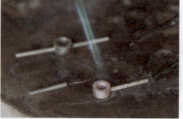

图7-112 组合镶嵌结构

(6)完成镶嵌结构的焊接并将其组装在戒圈上,注意将镶口错落分布(图7-113)。

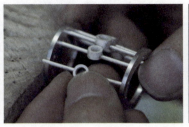

图 7-113　戒圈与镶嵌结构组合焊接

(7)将金属丝与戒圈焊接牢固,使用剪钳将多余部分去除;用白矾水煮洗戒指后,用锉刀将金属丝打磨平整,最后用吸珠针将端头打磨平滑(图 7-114)。

图 7-114　结构修整

(8)将戒指固定在火漆球上,根据宝石尺寸用球针制作出镶石位,并用飞碟针车出固定宝石腰棱的凹槽(图 7-115)。

图 7-115　制作、修整镶石位

(9)将宝石置入镶口后,使用钢压将边缘金属压向宝石,使用同样的方法逐一将宝石固定;完成镶嵌后将戒指从火漆球上取下,清洗后使用砂纸及橡胶轮将镶口边缘打磨平滑(图 7-116)。

(10)使用砂纸将戒指打磨平整,抛光、电镀后即完成作品(图 7-117)。

图7-116　镶嵌宝石、打磨镶边

图7-117　去火漆,整体抛光、电镀

7.6.2　吸珠抹镶戒指的制作

吸珠抹镶戒指以弧面形的戒指为主体结构,将戒指表面进行等分,确定镶嵌位置之后,即可制作镶石位并逐步完成镶嵌。对戒指进行抛光、电镀后效果如图7-118所示。

图7-118　吸珠抹镶戒指

✦ 准备材料

宽 5mm、厚 2mm 的戒圈;直径为 1.5mm 的圆刻面型宝石。

✦ 制作步骤

(1)准备好宝石及戒指坯件,将戒指坯件外围打磨成圆弧形;根据镶嵌的需要确定宝石镶嵌位置及数量,在坯件上打孔后使用直径为 1.5mm 的球针制作出对应的镶石位(图 7-119)。

图 7-119　打磨戒圈、制作镶石位

(2)宝石的镶石位逐一制作完毕后,使用钻针或小球针在每个镶石位底部打出浅坑以保护宝石的底尖;将宝石放入镶石位并压紧(图 7-120)。

图 7-120　修整镶石位、入石

(3)使用吸珠针将镶石位边缘的金属压向宝石,逐一固定好后使用铲针去掉多余金属(图 7-121)。

图 7-121　镶嵌宝石

(4)将戒指整体打磨平整,抛光、电镀后完成作品(图7-122)。

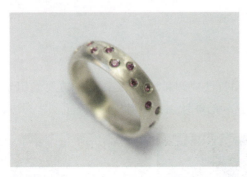

图7-122 抛光后电镀

7.6.3 管镶戒指的制作

制作管镶戒指时,可使用金属管制作戒指结构。将金属管加热退火之后制作成戒指的造型,然后拼合焊接,利用金属管管口的位置作为镶嵌结构来固定宝石。戒指制作完成后效果如图7-123所示。

图7-123 管镶戒指

🌟 准备材料

外径为2.3mm的金属管;直径为2mm的圆刻面型宝石。

制作步骤

(1)对金属管加热,退火后将其弯折成戒圈,再将两端向外弯折作为宝石镶嵌位置(图7-124)。

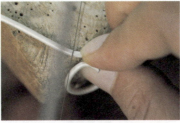

图7-124　弯折、锯切金属管

(2)将部件调整后组合焊接,使用钢压适当扩大管口以适应宝石尺寸(图7-125)。

图7-125　焊接并调整镶石位

(3)根据宝石尺寸使用飞碟针在管口内侧车出镶嵌宝石的凹槽并将宝石逐颗压入(图7-126)。

图7-126　车槽入石

(4)使用管镶工具将管口的金属压向宝石并使之固定,打磨抛光后完成作品(图7-127)。

首饰镶嵌工艺基础

图 7-127　镶嵌宝石并抛光

7.7　玉石吊坠的制作

　　玉石吊坠的结构分为吊扣、镶嵌结构、玉石三个部分。吊扣由金属条卷曲焊接而成,镶嵌结构由弯折的金属条和金属丝组成。镶嵌结构的金属条和金属丝可以采用激光点焊或者脉冲点焊的方法完成焊接,焊接时瞬间的热量不会损坏玉石材料。吊坠完成后效果如图 7-128 所示。

图 7-128　玉石吊坠

✤ 准备材料

　　玉石饰品(顶端打孔);尺寸(长、宽、厚)分别为 25mm×2.5mm×0.8mm(用于制作吊扣)及 9mm×1.5mm×0.6mm(用于制作镶嵌结构)的金属条;直径为 0.7mm 的金属丝;直径为 1.7mm 的连接圈环。

制作步骤

(1)将材料准备好之后,用尖嘴钳制作出吊扣的坯件并完成焊接;使用牙针在吊扣的底端车出固定连接圈环的凹槽(图7-129)。

图7-129 制作吊扣

(2)将用作镶嵌结构的金属条沿玉石饰品打孔的位置进行弯折,将两端孔洞覆盖之后,使用剪钳去除多余部分并将边缘打磨光滑;在金属片的底端打孔并穿入金属丝,以此形成镶嵌结构(注意金属丝要与玉石饰品打孔的位置相对应);最后使用锉刀调整金属丝的上端,使之穿入孔洞后,能够与其上的金属片贴合紧密,以便于焊接(图7-130)。

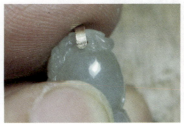

图7-130 制作镶嵌结构的配件

(3)将镶嵌结构的上端与金属丝焊接牢固,并在外侧面焊接连接圈环,以便与吊扣相组合(图7-131)。

图7-131 组合镶嵌结构并焊接圈环

(4)将吊扣带有凹槽的一端置入连接圈环中,并将圈环的断口焊接在一起,完成组合;将金属丝剪短并打开镶嵌结构,与玉石饰品扣挂在一起后,再将金属丝穿过镶嵌结构的孔洞,金属丝要在外侧露出一定余量(图7-132)。

图7-132 组合金属结构并安装玉石饰品

(5)用脉冲点焊机或者激光点焊机将露出的金属丝与镶嵌结构焊接牢固后,使用锉刀及砂纸将焊接点打磨平整,最后将金属部分抛光,即可完成作品(图7-133)。

图7-133 点焊并抛光

第 8 章

首饰镶嵌的质量要求及对宝石视觉效果的改善

在首饰制作过程中,首饰镶嵌工艺是一种综合工艺,是对宝石材料、金属材料以及工艺操作者的综合考验。宝石与金属的结合不仅要牢固、贴合,而且要美观、精致。首饰镶嵌的质量要求是指镶嵌饰品要达到的工艺要求,包括宝石的镶嵌质量要求和镶嵌结构的质量要求。

8.1 宝石的镶嵌质量要求及镶嵌结构的质量要求

宝石的镶嵌质量要求是在镶嵌过程中宝石应当具备或者保持的优良状态,即宝石与镶嵌结构完美贴合(图 8-1),宝石镶嵌的位置合理、周正,能够最大限度地展示出宝石本身的美感;宝石的物理化学性质在镶嵌前后不发生变化,不能出现变色现象,更不能出现新的裂痕、污点甚至破损;群镶宝石的明亮度、平整度需一致,镶嵌位置之间的间隔也要一致(图 8-2)。

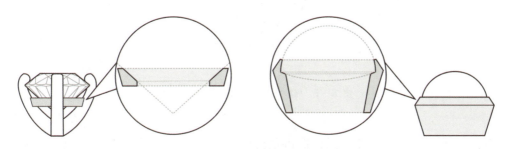

图 8-1 宝石与镶嵌结构完美贴合

首饰镶嵌工艺基础

图 8-2　群镶宝石台面平整、间隔一致

镶嵌结构的质量要求是指在首饰镶嵌过程中镶嵌结构要达到的工艺要求。镶嵌结构需要牢固、可靠地将宝石固定，无论是在视觉还是在触觉方面都要给佩戴者以最舒适的感受，因此可从以下几个方面进行评判。

首先，制作镶嵌结构时，要根据宝石的尺寸仔细制作，既要保证稳定、安全地固定宝石，又要避免出现露边、戴帽、露底的现象。露边是指镶嵌结构的尺寸大于宝石腰围的现象，入石之后宝石与镶石座之间的空隙较大或者宝石在石位中晃动（图 8-3a）。戴帽是指宝石尺寸大于镶嵌结构的现象，导致镶嵌时宝石难以入位，或者入位后与镶嵌结构的比例失调（图 8-3b）。露底是指宝石底尖超出镶嵌结构的现象，宝石底尖脱离镶嵌结构的保护容易受到损伤，露在外面也会划伤佩戴者（图 8-3c）。因此，在制作镶嵌结构时，要注意金属的预留量，使用铸造、3D 打印方法制作镶嵌结构时，要适当放大模型，避免成型过程中因铸件缩水而造成镶嵌困难。

a.露边

b.戴帽

c.露底

图 8-3　镶嵌结构容易出现的问题

其次，镶嵌结构中的镶爪、镶钉、镶边预留尺寸合理，与宝石结合紧密。通常情况下，镶爪、镶钉、镶边等结构都应与宝石台面齐平或比它略低，如果太长或太高都会影响视觉效果，并且容易钩挂衣服、头发，太短则有可能镶嵌不牢造成宝石脱落。因此，要根据宝石及贵金属的工艺性能综合考虑，镶嵌时既要保证镶嵌的牢固性，又要让宝石能够尽量多地展现出来。另外，棱角分明或相对尖锐的镶爪，如三角爪、角爪、尖爪等结构容易对人造成伤害，所以镶嵌时应根据实际需要进行相关调整。

最后，及时修整金属表面的划痕、砂眼等缺陷，确保镶嵌结构整体抛光后光亮、平整。镶边、镶爪及镶钉等结构要精心处理，确保触摸时不刮手，也不钩挂衣物。

8.2 镶嵌操作中对宝石的保护

在首饰镶嵌操作过程中，镶嵌不稳定宝石及内部多裂纹的宝石时要尤其注意，这些宝石的机械性能、热稳定性都相对较差，因此在金属材料的选择、镶嵌结构的尺寸以及镶嵌结构的设计等方面都要谨慎、小心。

1. 首饰镶嵌结构的设计要合理

需要根据宝石特点及工艺特征确定镶嵌结构。对于不稳定的宝石，如珊瑚、欧泊等材料，首先要选择相对较软的金属进行镶嵌。其次在镶嵌过程中可以首选尖爪式的镶爪。若必须应用其他镶嵌方式，则要根据实际情况适当减小镶爪、镶边的直径和厚度，或者在车制镶石位的时候多车掉一点金属，以减少宝石在镶嵌时所承受的压力（图8-4）。甚至在包镶结构的内部也可以制作出便于金属变形的凹槽。这些操作都可以保护宝石，减少镶嵌中的意外损失。

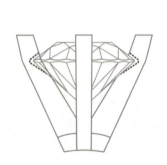
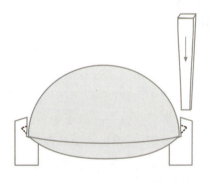

图8-4　车切镶嵌结构可以减少镶嵌位置的压力

水滴形、心形、公主方形、马眼形宝石的尖端都比较锐利，镶嵌时力度过大或镶嵌区域狭小时特别容易崩角。因此采用角爪或包镶方式时，镶嵌位置一定要留足宝石尖角的镶嵌空间，可以在车槽后再使用球针在镶嵌位置制作出一个凹坑，这对于保护宝石的尖端非常重要（图8-5）。不稳定宝石的尖端部分非常脆弱，因此在进行镶嵌操作时要尤其注意。

首饰镶嵌工艺基础

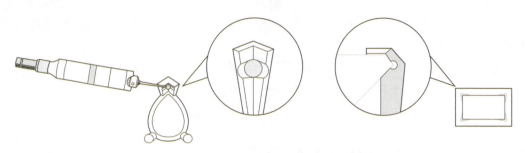

图 8-5　宝石尖角的保护

2. 对于主石，要尽量减少带石操作

在镶嵌过程中，通常先镶嵌配石再镶嵌主石。处于主石位置的大颗粒宝石要最后镶嵌。超过 1ct 的贵重宝石，应尽量减少带石操作，即减少锉磨、敲击、加热等操作。上火漆、抛光、电镀、蒸汽清洗都会使宝石承受一定的热量，裂痕较多的宝石、不稳定的宝石不仅无法承受这些热量的变化，甚至在常温超声波清洗的过程中都有可能解体，因此在操作过程中一定要谨慎。

8.3　首饰镶嵌对宝石视觉效果的改善

金属镶嵌结构不仅能够固定宝石，而且能够改善宝石的视觉效果。当然，并不能以此作为欺骗消费者的手段。

1. 首饰镶嵌可以遮挡有缺陷的宝石位置并突出观赏部分

在天然宝石的加工过程中，工匠们会有意识地去除一部分有碍观瞻的自然缺陷。但所有成型的宝石中内部纯净、无任何包裹体者少之又少，其价格也会让人望尘莫及，因此常见的宝石中通常会存在一些微小的瑕疵，如钻石中的点状包裹体、祖母绿中的裂隙等。

在镶嵌过程中，镶嵌的金属都会对宝石有或多或少的遮挡，因此从原则上来说，可以通过金属对宝石的这些缺陷进行遮挡而改善其视觉效果。对宝石遮挡最少的镶嵌方式为爪镶、珠镶等类型，可以对少量的瑕疵进行遮挡。包镶、抹镶等镶嵌方式可以对宝石腰部的瑕疵进行遮挡（图 8-6）。除此之外，还可以通过金属造型设计来遮挡较大的宝石缺陷，如使用装饰片对断裂的手镯进行遮挡并进行结构性的加固。

在首饰镶嵌过程中，通常会遵循"择优藏劣"的准则，以改善部分宝石的视觉效果，即突出宝石美观、色泽较好的部位，遮挡有缺陷的位置，常见方法如表 8-1 所示。

图 8-6　宝石切割定位时大都会将瑕疵定位于腰部,可利用镶嵌结构实现部分遮挡

表 8-1　以镶嵌方式改善宝石的视觉效果

宝石特点	处理方法	宝石特点	处理方法
宝石有缺陷或形状不规则	突出美观、色泽好的位置	宝石大而薄	加厚镶石座
翡翠等宝石内部有裂隙	包边或使用金属造型遮挡	宝石缺角、边缘破口	包角或包边

2. 利用金属的反光能力,突出或改善宝石的色泽

金属具有反光效果,利用这一特点可以突出宝石,如红蓝宝石、透明度较高的翡翠等的色泽。金属对宝石颜色具有很好的提亮作用,对于透明度较高的宝石而言,即使其颜色较暗,也可以通过制作反光的金属底面来增强宝石的亮度。对质地较好的翡翠进行镶嵌时,需要在金属底部制作一个开窗,以便于购买者鉴别材料的品质(图 8-7)。另外,前文中介绍的飞边镶也是通过在宝石的外围增加反光的金属结构,从而使宝石在视觉效果上变得更大、更亮。

图 8-7　翡翠镶嵌结构底部的开窗

附录1 镶嵌结构及圆周等分对照图

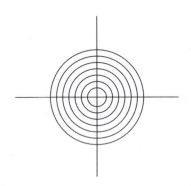
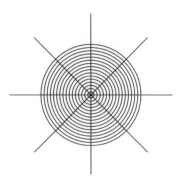

四分、六分圆周对照图

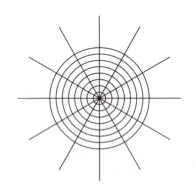
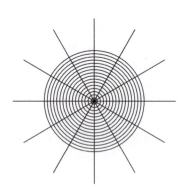

十二分圆周对照图

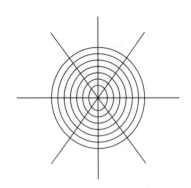
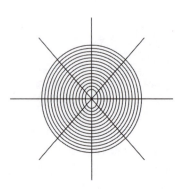

椭圆形宝石镶爪位置对照图

附录2　常见宝石的工艺性能

1. 稳定宝石

宝石名称	工艺性能						
	锉磨	敲击	抛光	电镀	蒸汽清洗	超声波清洗	火漆操作
钻石	○	△	○	○	○	○	○
红宝石	○	○	○	○	○	○	○
蓝宝石	○	○	○	○	○	○	○
翡翠	△	○	○	○	○	○	○
尖晶石	○	○	○	○	○	○	○
水晶	△	○	○	△	△	○	△
玛瑙及玉髓	△	○	○	△	○	○	△
合成立方氧化锆	○	○	○	○	○	○	○
莫桑石(合成碳硅石)	○	○	○	○	○	○	○

2. 相对稳定的宝石

宝石名称	工艺性能						
	锉磨	敲击	抛光	电镀	蒸汽清洗	超声波清洗	火漆操作
祖母绿	△	△	△	△	△	△	△
金绿宝石	△	△	△	△	○	△	△
海蓝宝石	△	△	△	△	△	△	△
石榴石	△	△	△	○	△	○	△
橄榄石	△	△	△	○	△	△	△
托帕石	△	△	△	△	△	△	△
碧玺	△	△	△	×	△	△	△
葡萄石	△	△	△	×	△	△	△
软玉	△	△	△	×	△	○	△

首饰镶嵌工艺基础

3. 不稳定宝石

宝石名称	工艺性能						
	锉磨	敲击	抛光	电镀	蒸汽清洗	超声波清洗	火漆操作
坦桑石	△	×	×	×	×	×	×
锂辉石	△	×	×	×	×	×	×
月光石	×	×	△	×	×	×	×
青金石	×	△	△	×	×	×	×
孔雀石	×	△	△	×	×	×	×
绿松石	×	△	△	×	×	×	×
欧泊	×	△	△	×	×	×	×
珍珠	×	△	△	×	×	×	×
珊瑚	×	×	△	×	×	×	×
琥珀	×	×	×	×	×	×	×

* 表格中以符号来表示宝石对各种操作的承受能力:"○"表示对该操作完全适应;"△"表示在操作时要谨慎,需减轻力度或温度不能太高;"×"表示完全不能进行该类型的操作。另外,需要注意的是,对大颗粒的贵重宝石以及内部有裂纹的宝石进行镶嵌时,所有的操作步骤都应该谨慎。

附录3 镶嵌作品展示

《蓬勃生机》(周志雄)
材质:18K金、钻石、蓝宝石、祖母绿、帕拉伊巴碧玺
镶嵌方法:爪镶

《一枝麦》(周志雄)
材质:18K金、钻石
镶嵌方法:铲边钉镶

《春华秋实》(严慧贞)
材质:18K金、橄榄石、石榴石、钻石
镶嵌方法:爪镶、钉镶

《溶月梨花》(严慧贞)
材质:18K金、橄榄石、珍珠、粉欧泊、钻石
镶嵌方法:爪镶、珠镶

首饰镶嵌工艺基础

《萦绕》(周嘉伶)
材质:18K 金、蓝宝石、欧泊、珍珠、钻石
镶嵌方法:铲边钉镶、包镶、珠镶、抹镶

《春韵》(刘耕)
材质:18K 金、翡翠、沙弗莱石、黄色蓝宝石、红宝石
镶嵌方法:爪镶、抹镶

《窗外》(高兴)
材质:18K 金、钻石、托帕石
镶嵌方法:爪镶、铲边钉镶

镶嵌作品展示 **附录 3**

《斗舞》(高兴)
材质：银镀金、锆石、欧泊
镶嵌方法：铲边钉镶、抹镶

《天鹅》(大树珠宝)
材质：18K 金、翡翠、钻石、蓝宝石
镶嵌方法：爪镶、包镶、抹镶、钉镶

《仿清代蝴蝶花簪》(李芃禹)
材质：纯银、玛瑙、珍珠、珐琅
镶嵌方法：包镶、珠镶

《沉鱼落雁》(王涵)
材质：925 银、青花瓷片、珍珠、蓝宝石
镶嵌方法：装饰包镶、珠镶、抹镶

201

首饰镶嵌工艺基础

《树的咏叹调》(李鹏)

材质:925银、月光石

镶嵌方法:包镶

《海棠树叶胸针》(李鹏)

材质:925银、珍珠

镶嵌方法:珠镶

《树·系列1》(巩志伟、孙铭燕)

材质:18K金、翡翠、钻石

镶嵌方法:爪镶、虎口钉镶

《树·系列2》(巩志伟、孙铭燕)

材质:18K金、翡翠、钻石

镶嵌方法:半包镶、虎口钉镶

《吉光片羽》(赵辉)

材质:18K 金、钻石、蓝宝石

镶嵌方法:铲边钉镶

《寒霜》(邹亦然)

材质:18K 金、沙弗莱石、月光石、粉色蓝宝石、珍珠、钻石

镶嵌方法:爪镶、铲边钉镶、包镶、抹镶、珠镶

《埃及夜色》(沈罕)

材质:18K 金、欧泊、钻石

镶嵌方法:爪镶、铲边钉镶

《圣赴火焰山》(沈罕)

材质:18K 金、战国红玛瑙

镶嵌方法:包镶

首饰镶嵌工艺基础

《萌生1》（许牡丹）
材质：18K金、沙弗莱石、无色蓝宝石
镶嵌方法：铲边钉镶

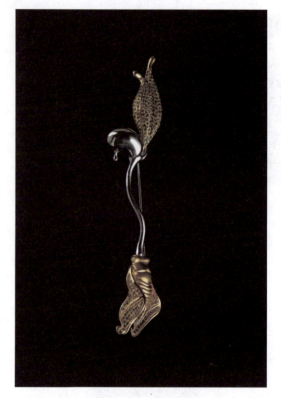

《萌生2》（许牡丹）
材质：18K金、沙弗莱石、无色蓝宝石
镶嵌方法：铲边钉镶

《异美》（杨广芹）
材质：18K金、蓝宝石、海蓝宝、托帕石、钻石
镶嵌方法：爪镶、铲边钉镶、包镶、抹镶

《庄蝶幻影》（田泽君）
材质：925银、海水珍珠、红宝石、蓝宝石、碧玺、尖晶石
镶嵌方法：珠镶、抹镶

《鼓楼戒》（牛乙霖）
材质：18K 金、珍珠、钻石
镶嵌方法：珠镶、铲边钉镶

《风雨戒》（牛乙霖）
材质：18K 金、珍珠
镶嵌方法：珠镶

《圆明重光》（王连赛）
材质：925 银、黑玛瑙、锆石
镶嵌方法：铲边钉镶

《渔乐》（宋简）
材质：银、翡翠
镶嵌方法：爪镶

首饰镶嵌工艺基础

《雀之灵》(梅莉雅)
材质:925银、绿松石
镶嵌方法:包镶

《冕冠》(梅莉雅)
材质:925银、绿松石
镶嵌方法:包镶

《相》(黄孝彤)
材质:18K金、和田玉、青玉、黑珍珠、玛瑙、粉晶、钻石、月光石
镶嵌方法:包边镶、珠镶、铲边钉镶、抹镶

《亘——归处》(黄孝彤)
材质:18K金、和田青玉、钻石
镶嵌方法:虎口钉镶

《有凤来仪》(池星宇)
材质:925银、锆石、红宝石
镶嵌方法:铲边钉镶、抹镶、爪镶

《冰霜》(池星宇)
材质:18K金、海蓝宝石、钻石、海水珍珠
镶嵌方法:铲边钉镶、珠镶

《秋韵》(陈波宇)
材质:925银、金丝楠木
镶嵌方法:装饰包镶

《舞者》(陈波宇)
材质:925银、锆石
镶嵌方法:铲边钉镶、起钉星镶